新编中等职业教育
旅游类专业 系列教材

茶艺

（第3版）

主　编　张伟强

副主编　张亚梅　杨晶晶

主　审　蔡　新

重庆大学出版社

内容提要

本书为职业院校茶艺专业和茶艺公共选修课教材,全书共分5章,包括茶叶基础知识、茶文化基础知识、茶艺基础知识、茶艺表演基础知识和茶艺师服务礼仪与销售知识等方面的内容。本书按照《茶艺师国家职业技能标准》(2018版)对初、中级茶艺师应具备的基础知识和基本技能的要求,突出了实用性,且内容新颖、独特,便于读者边学边练,掌握茶艺的基本要领。

本书适宜职业院校茶艺专业和茶艺公共选修课学生以及其他参加初、中级茶艺师职业技能资格培训鉴定的茶业从业者、爱好者学习使用。

图书在版编目(CIP)数据

茶艺/张伟强主编. —3版. -- 重庆:重庆大学
出版社,2020.10(2023.7重印)
新编中等职业教育旅游类专业系列教材
ISBN 978-7-5689-0178-9

Ⅰ.①茶… Ⅱ.①张… Ⅲ.①茶文化—中等专业学校
—教材 Ⅳ.①TS971.21

中国版本图书馆CIP数据核字(2020)第188970号

新编中等职业教育旅游类专业系列教材
茶 艺(第3版)
主 编 张伟强
副主编 刘亚梅 杨 晶
责任编辑:顾丽萍 版式设计:顾丽萍
责任校对:杨育彪 责任印制:张 策
*
重庆大学出版社出版发行
出版人:饶帮华
社址:重庆市沙坪坝区大学城西路21号
邮编:401331
电话:(023)88617190 88617185(中小学)
传真:(023)88617186 88617166
网址:http://www.cqup.com.cn
邮箱:fxk@cqup.com.cn(营销中心)
全国新华书店经销
重庆亘鑫印务有限公司印刷
*
开本:787mm×1092mm 1/16 印张:10.75 字数:193千
2008年3月第1版 2020年11月第3版 2023年7月第14次印刷
印数:26 501—28 500
ISBN 978-7-5689-0178-9 定价:29.00元

中国是茶树的原产地。目前世界上有 60 多个国家生产和种植茶叶,有 160 多个国家和地区 30 亿左右的人口饮用茶,茶已经成为一种世界性的饮料。在利用茶叶的过程中,中国人不仅创造了千姿百态、内质各异的茶品和各具风格的饮用方法,而且将民族精神、民族文化熔铸到茶叶的冲泡和品饮之中,使之形成了独具特色的文化形态——茶艺。

在漫长的历史进程中,中国茶艺不仅从内容和形式上日臻丰富和完善,而且传播到世界各地,形成了各具民族特点、地域特点的茶文化形态。茶文化交流已经成为世界文化交流的一项重要内容。这是值得我们每个中国人引以自豪的。

国家昌盛则百业兴。随着我国经济的发展和文化的繁荣,茶产业进入了前所未有的黄金时期,同时,经济和文化的发展也对茶艺教育提出了新的要求。2002 年,国家劳动和社会保障部制定了《茶艺师国家职业标准》,并将"茶艺师"列为国家职业工种。以此为契机,各地的茶艺教育,包括职业教育和职业培训得到了快速发展。本书作为中等职业教育旅游类专业系列教材,是重庆大学出版社根据目前中等职业学校开设茶艺专业课和公共选修课的需要,组织云南旅游职业学院、四川省旅游学校、湖北省旅游学校、湖南张家界旅游学校等职业院校从事茶艺教学的教师共同编写而成的。

本书依据《茶艺师国家职业标准》对初、中级茶艺师所应具备的基本知识和基本技能的要求,主要阐述了茶叶基础知识、茶文化基础知识、茶艺基础知识、茶艺表演基础知识和茶艺师服务礼仪与销售知识,并且在内容安排上,注重了基础知识的讲授和基本技能的训练,突出实用性。为此,我们特别聘请从事茶艺师培训工作多年,实践经验比较丰富的刘亚梅和杨晶两位女士参加编写。本书适合开设茶艺专业课和公共选修课的职业院校学生以及其他参加初、中级茶艺师职业资格鉴定的茶行业从业者、爱好者学习使用。

本书由各参编者分工撰写,具体分工为:第 1 章 1.1,1.2 节和第 4 章由云南旅游职业学院张伟强编写;第1章1.3,1.4节由杨晶编写;第2章2.1,2.2节由湖北省旅游学校刘晓芬编写;第2章2.3节由湖南张家界旅游学校周晓红编写;第3章3.1,3.2,3.3节由四川省旅游学校谭文编写;第3章3.4节由刘亚梅、杨晶编写;第5章由云南旅游职业学院陈海燕编写。最后由主编负责统稿。

在编写过程中,我们有幸聘请云南农业大学龙润普洱茶学院教授、硕士生导师蔡新老师为本书主审。蔡新教授于百忙之中拨冗对本书的编写体例和专业知识点提出了极富建设性的修改意见,我们全体参编人员对此表示衷心的感谢!

2015年,出版社组织参编人员对该书进行修订,出版第2版。

2018年,国家人力资源社会保障部组织专家对《茶艺师国家职业标准》进行修订,颁布了《茶艺师国家职业技能标准》(2018版)(以下统称新标准)。新标准在以下几个方面做出了调整:

1. 在确保茶艺师应掌握知识的整体性、规范性的前提下,进一步突出工作技能的实用性、可操作性,同时根据社会发展需要留有创新的灵活性。

2. 新标准对茶艺师的各个等级也进行了更为明确的界定。

3. 结合我国茶叶科技和茶文化的发展状况,新标准对茶艺师的工作内容、技能要求、相关知识进行了适当的充实和调整。

4. 新标准对茶艺与相关文化、茶健康服务有了更为明晰的界定和细分。

5. 根据中外茶文化交流的实际与需要,新标准明确与强化了茶艺师应掌握的相关知识和技能。

鉴于此,我们及时对教材做出了修订。

由于编者的疏漏,书中难免有缺憾和不足,恳请广大读者批评指正,以便在修订时更正。

最后,感谢编委会及出版社对本书出版给予的关心、支持和帮助!

编写组

2020年5月

MULU
目录

第1章 茶叶基础知识

【本章导读】

茶艺的核心是茶,通过学习本章,要求掌握有关茶树的起源、发展、形态特征和茶叶的加工、分类、储藏以及饮茶与健康的知识,全面了解茶叶的相关基础知识,为后面的学习打好基础。

【关键词汇】

茶树的起源　茶叶的加工与分类　茶叶品质的鉴别　饮茶与健康

【问题导入】

茶树的起源和传播情况是怎样的?茶叶是如何加工制作出来的?茶叶有哪些种类?如何鉴别茶叶的真假优劣?饮茶与健康有什么关系?以上这些问题,是学习本章需要掌握的知识点。你不妨在学习完本章后对照以上问题检查自己的学习成果。

1.1 茶树的起源与传播

我国是世界上最早发现和利用茶叶的国家,世界各国的茶叶都是由中国直接或间接地传播出去的。世界各国对茶的称谓也源于中国。

1.1.1 茶树起源于中国

茶是采用茶树上生长的芽和叶加工制作成的饮料。茶树在植物学的分类系统中属于被子植物门,双子叶植物纲,原始花被亚纲,山茶目,山茶科,山茶属茶种植物。瑞典植物学家林奈在1753年出版的《植物种志》中,将茶树的最初学名定为 *Thea sinensis* L. ,后修订为 *Camellia sinensis* L. 。其中,*Camellia* 的意思是山茶属,*Sinensis* 的意思是中国种,学名本身就指出茶树是原产于中国的山茶属

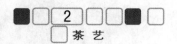

植物。1950 年,我国植物学家钱崇澍根据国际命名和茶树特性研究,确定茶树学名为 *Camellia sinensis*(L) *O. Kuntze*。

全世界山茶科植物共有 23 属 380 余种,中国就有 15 属 260 多种,大多分布在云南、贵州、四川和鄂西山地,可见茶树原产地是我国西南地区。唐代陆羽在《茶经》中称:"茶者,南方之嘉木也。"

古植物学家研究,茶树诞生于第三纪至第四纪,距今 6 000 万~7 000 万年。随着地质、气候的变化以及茶树的传播,茶树从最初的原种发展形成热带型的大叶变种和温带型的中、小叶变种。但它们的祖先原来就生长在我国西南地区。

我国是世界上最早发现和利用茶树的国家。汉代典籍记载有"神农尝百草,日遇七十二毒,得茶而解之"的传说。神农氏是原始母系氏族社会的氏族首领。按此推算,中国人发现和利用茶叶已经有近 5 000 年的历史。晋代常璩在公元前 350 年左右所写的《华阳国志·巴志》一书中记载,周武王伐纣时,巴蜀(今四川及云南、贵州部分地区)用茶叶作为"贡品",而且当地已经有了人工栽培的茶园。这个时期距今已有 3 000 多年。以上这些资料充分说明,在远古时期,我们的先民就已经开始认识和利用茶树了。

我国还是世界上野生大茶树资源最丰富的国家。作为茶树起源的最重要的实物证据是野生的古茶树。我国历史文献中记载了古代南方地区分布着很多古茶树。陆羽在《茶经》中记载:"其巴山峡川有两人合抱者,伐而掇之。"至今,在我国西南山区还分布着很多古老的野生大茶树。

据统计,在我国 10 个省(区)已发现的 200 余处野生茶树中西南地区就占了 70% 以上,且干径在 1 m 以上的特大型珍稀野生大茶树几乎全部分布在云南。它们是茶树原产地的活见证,是茶文化的宝贵遗产,也是茶叶科学研究的重要资源。

世界各国对茶的称谓源于中国。"茶"字的形、音、义是中国最早确立的。我国古代典籍中,茶的名称很多。西汉司马相如的《凡将篇》称茶为"荈诧",杨雄在《方言》中称茶为"蔎",此外还有"茶""槚""茗"等。到了唐代中期,"茶"字开始出现,其称谓也随之逐步统一。从此,"茶"字的形、音、义就确定下来并一直沿用至今。

世界各国对"茶"字的发音,无论是由陆路传播的"cha",还是由海路传播的"te",皆起源于我国"茶""茶叶"的读音。

所以说,中国是茶树的原产地,是世界茶叶的起源地。

1.1.2　茶树的形态特征

现代植物学对茶树的科学描述是："茶,一名'茗',山茶科,常绿灌木。叶革质,椭圆形、长椭圆、卵形或披针形,边缘有锯齿。秋末开花,花 1 ~ 3 朵生于叶腋,白色,有花梗。蒴果扁球形,有三钝棱。广泛栽培于中国中部至东南部和西南部。性喜湿润气候和酸性土壤,耐阴性强。"茶树是由根、茎、叶、花、果等器官组成的。它们分别有不同的生理功能。

1)根

茶树根为轴状根系,由主根、侧根、细根、根毛组成。根的主要生理功能是固定植株,吸收土壤中的水分和营养物质,将这些物质运输到地上部,并具储藏和合成等功能。茶籽萌发时,胚根生长而成主根,主根上产生的各级大小分支,叫侧根。茶树幼嫩细根的根尖上有许多根毛,依靠它吸收肥和水。

2)茎

茎由种子胚芽和叶芽发育而形成,是连接茶树各器官的部分,也是形成新的茎、叶、芽的部分。茶树的茎部一般分为主干、主轴、骨干枝、细枝,直到新梢。主干是区别茶树类型的依据,分枝以下部分称为主干,分枝以上部分称为主轴。

由于主干的特征和分枝部位的高低不同,可将茶树树型分为乔木型、半乔木型和灌木型 3 种。枝条是生长着叶子的茎,初期尚未木质化的枝条,称为新梢或嫩梢。新梢柔软,茎绿色,生有茸毛。

3)叶

叶是茎尖的叶原基发育而来的,是进行光合作用和蒸腾作用呼吸的主要器官,也是加工茶叶的原料。

茶树叶片可分为鳞片、鱼叶和真叶。一般所说的茶叶即指真叶。真叶的大小、色泽、厚度和形态各不相同,并因品种、季节、树龄、立地条件及农业技术措施等不同而有很大差异。

叶形有卵圆形、椭圆形、长椭圆形、倒卵形、圆形、披针形等。其中,以椭圆形和卵形居多。叶面有光暗、粗糙、平滑之分,叶表面通常有不同程度的隆起。叶质有厚薄、软硬之分。叶尖形状有长短、尖钝之分,分为锐尖、钝尖、渐尖、圆尖等种。叶缘有锯齿,一般有 16 ~ 32 对;锯齿上有腺细胞,老叶脱落后留下褐色疤痕;叶脉呈网状,有明显的主脉,侧脉伸展至叶缘2/3处向上弯曲呈弧形并与上方侧脉相连。叶片在茎上的着生状态分上斜、水平、下垂 3 种。

叶片的大小以叶面积表示或以叶长乘叶宽表示。通常,计算叶面积的简便方法是叶长×叶宽×0.7(系数),单位以 cm^2 计,茶树品种分为大叶种、中叶种、小叶种即以此为依据。

面积在 50 cm^2 以上的称特大叶种;面积在 28 ~ 50 cm^2 的称大叶种;面积在 14 ~ 28 cm^2 的称中叶种;面积在 14 cm^2 以下的称小叶种。

叶片上的茸毛(即一般说的“毫”)是茶树叶片形态的主要特征之一。茶树新梢上顶芽和嫩叶的背面均生长有茸毛。茸毛多是鲜叶细嫩、品质优良的标志。随着叶片成熟,茸毛逐渐稀短脱落。

4)花

花是茶树的生殖器官,由花托、花萼、花瓣、雄蕊、雌蕊等 5 部分组成,属完全花。

茶花为两性花,有芳香味。多为白色,少数呈淡黄或粉红色。花瓣通常为 5 ~ 7 瓣,呈椭圆形或倒卵形,基部相连,大小因品种不一而不同。

5)果实

果实是茶树种子繁殖的器官。茶树果实为蒴果。

由茶花受精至果实成熟,约需 16 个月,从 6 月起,同时进行着花与果发育的两个过程,“带子怀胎”也是茶树的特征之一。

成熟果实的果皮为棕褐色,外种皮为栗壳色,内种皮为浅棕色。茶果形状视种子数目而异,每果一粒的略呈圆形,两粒的呈椭圆形。种子粒数的多少是由子房室数、胚珠数及发育条件而定的。

1.1.3 茶树的繁殖与茶叶采摘

1)茶树的适生条件

茶树的适生条件,主要是指气候和环境中的阳光、温度、水分和土壤等条件。

(1)阳光

茶树具有耐阴的特性,喜光怕晒。光照强度不仅与茶树光合作用和茶树的产量有紧密的关系,而且直接影响着茶叶的品质。一般来说,生长在植被茂盛的高山或云雾缭绕环境中的茶树,茶的品质往往比平地的好。因此,有“高山出好茶”的说法。

(2)温度

温度是茶树生长发育的基本条件。茶树喜暖怕寒,最适宜茶树生长的温度是 20 ~ 30 ℃。当气温低于 10 ℃ 时,茶芽停止萌发,处于冬季休眠状态。若温度较低,茶树会受到严重的冻害。如果气温高于 35 ℃,茶树生长也会受到抑制。

（3）水分

茶树对湿润条件较为适应。一般适宜种茶地区要求年降水量在 1 500 mm 左右,空气相对湿度在 80% 左右。水分不足或过多,都会影响茶树的生长、茶叶产量和茶叶品质。

（4）土壤

茶树生长所需要的养料和水分都来自土壤。适宜种茶的土壤对土质结构的要求是:土质疏松,通气性、透水性良好,且 pH 值为 4.5 ~ 6.5 的酸性土壤。

2）茶树的繁殖

茶树繁殖有有性繁殖与无性繁殖两种方法。有性繁殖是利用茶籽进行播种,也叫种子繁殖;无性繁殖亦称营养繁殖,是利用茶树的根、茎等营养器官,在人工创造的适当条件下,经培养使之形成一株新的植株,包括扦插、压条和分株等。

传统栽培采用有性繁殖的方法。其操作简便易行,劳动力消耗较少,成本较低,茶苗有较强的生命力。但有性繁殖难以保持原有品种的特性,其后代易产生变异。

现代茶园种植面积大,要求茶树特性具有较高的一致性,所以普遍采用无性繁殖。茶树无性繁殖一般采用扦插繁殖的方法。无性繁殖栽培的苗木能充分保持母树的特征和特性,苗木的性状比较一致,有利于茶园管理,有利于扩大良种的数量。

3）茶叶采摘

茶叶采摘在一定程度上决定着茶叶的产量和品质。采摘方法包括人工采摘和机械采摘两种。传统采摘为人工采摘,生产效率低,成本较高,适宜制作高档名优茶。现代化的机械采摘生产量大,成本较低,但质量比人工采摘的低,存在芽叶破碎、混杂和老梗老叶,以及匀净度差的问题,适宜制作中档茶和大宗茶。

茶叶采摘的总体要求是合理采摘。具体要求为按标准采、及时采、分批采和留叶采。

（1）按标准采

按标准采指根据不同的需要按照一定的鲜叶嫩度标准来采摘。大体上有细嫩的标准、适中的标准、偏老的标准、粗老的标准四大类。

细嫩的标准适用于名优茶的采摘,对鲜叶的嫩度和匀度要求较高,大多只采

初萌的壮芽或初展的一芽一、二叶。

适中的标准适宜大宗红、绿茶的采摘,对鲜叶的嫩度要求适中,一般采摘一芽二、三叶和幼嫩的对夹叶。

偏老的标准适宜乌龙茶的制作,采摘时须等新梢生长近成熟,叶片开度达到八成,采下带驻芽的二、三片嫩叶。

粗老的标准主要用于黑茶、晒青茶等边销茶。对鲜叶的嫩度要求较低,主要采用粗老的叶片。采摘一芽四、五叶或对夹三、四叶的均可。

(2)及时采

根据新梢芽叶生长情况及时地按标准将芽叶采摘下来。

(3)分批采

分批多次采是提高茶叶品质和数量的重要环节。根据茶树茶芽发育不一致的特点,采摘时先采达到标准的芽叶,未达到标准的待茶芽生长达到标准时再采,这样既有利于提高茶叶产量和质量,也有利于茶树的生长。

(4)留叶采

留叶采指在采摘芽叶的同时,把若干片新生叶子留养在茶树上。茶叶既是收获对象,又是茶树制造有机物、光合作用的主要器官。实行留叶采,可使茶树持续生长健壮,不断扩大采摘面,是稳定并提高产量和质量的有效措施。

1.1.4 中国茶叶的对外传播

由于地理环境和交通运输条件的制约,中国茶叶向外传播,经历了一个先由原产地扩散到我国长江流域中、下游地区,再辐射到邻近的韩国、日本、俄罗斯、印度、斯里兰卡等周边国家,然后传播到世界的漫长过程。

1)传入朝鲜、日本

朝鲜半岛北端与中国辽宁、吉林两省接壤,彼此来往较为方便,文化交流也较频繁。朝鲜史料记载,公元828年,朝鲜派使者金大廉入唐朝贡,唐文宗赐茶籽。金大廉便从中国携回茶籽,种于智异山下的华岩寺周围。此后,朝鲜茶叶种植业不断发展,逐步实现了自给自足。目前,韩国仍以生产绿茶为主。

茶叶传入日本是由日本派往大唐留学的僧侣带回国的。延历二十四年(公元805年),日本高僧最澄赴中国浙江天台山国清寺学习佛教,返日时,带回茶种,种在日吉神社旁边,成为日本最早的茶园。平城天皇大同元年(公元806年),日本高僧空海又来中国学佛,回国时也携带了不少茶籽,种植于京都高山寺等地。因此,最澄和空海两人被认为是日本茶树种植的始祖。嵯峨天皇于弘仁六年(公元815年)四月巡幸近江滋贺县的唐琦,经过梵释寺时,该寺大僧都永忠亲手煮茶进献,天皇赐以御冠。天皇巡幸后,下令畿内、近江、丹波、播磨等地种茶,作为贡品,日本茶叶生产从此开始繁荣起来,并由寺庙传到民间。

2)传入欧美各国

茶叶传入欧美各国主要有海路和陆路两条途径。海路传播主要是通过南海,沿中南半岛,穿过马六甲海峡,通过印度洋、波斯湾、地中海,输往欧洲各国。陆路传播主要是通过丝绸之路到蒙古国,转道恰克图,一路输往中亚、阿拉伯世界,一路输往俄罗斯。

1559年,威尼斯作家拉马锡在其所著的《中国茶》和《航海旅行记》书中有中国茶叶的记载。但直至半个世纪后的1610年,荷兰的东印度公司才从中国运茶回欧洲销售。1644年,英国人在厦门设立商务机构,专门贩茶。以后,瑞典、荷兰、丹麦、法国、西班牙、德国、匈牙利等国商船,纷纷来到中国运茶叶,并转道销往欧洲。1715年,英属东印度公司在广州设立商馆,英国商船来华逐年增加。中国茶叶向英国的出口量也逐年增大。1776年,美国独立后,美国第一条来华商船"中国皇后"号于1784年到达中国。采购茶叶近40万kg。1784—1790年,中国出口美国的茶叶量仅次于英国。1789—1790年来华船只就达14艘,共贩茶近18 143.7万kg。

俄罗斯虽然与我国北方领土接壤,但饮茶历史要比其他国家晚得多。从1814年开始尝试种植,但收效甚微。直到1883年,才从中国湖北运回了12 000株茶树苗和大批茶籽,陆续在各地种植,并取得成功。到1898年,就已有茶厂开始用机器生产自己种植的茶叶了。

茶叶传入欧洲时,最早是以绿茶为主,但从遥远的中国运输茶叶到欧洲需要在海上航行12～15个月时间,茶叶容易变味,即使没有发霉,其色、香、味也大打折扣。而红茶属于全发酵茶,可以长期保存而不会变质,而且红茶不易掺假,于是就逐渐取代了绿茶。据统计,18世纪初英国进口的茶叶55%是绿茶,到了18世纪中期,红茶就占了66%。于是,英国人就越来越喜欢喝红茶,红茶中又以武夷茶占多数。目前,80.1%的英国人天天喝茶。

3）传入印度、斯里兰卡

1834 年，英国派戈登往中国内地调查种茶、制茶技术。他收购了大批武夷山茶籽，于 1835 年运往印度加尔各答，同时还派四川雅州的茶师传习种茶、制茶技术。1836 年，印度又在阿萨姆省建立数所茶苗圃，开设小制茶场，并试制成功。后来，又派人到福建厦门购买茶籽种植。1839 年，成立了专门负责发展茶叶的阿萨姆公司。1848 年，英国人福顿又从中国内地购买大批茶苗，雇用了 8 名制茶工人；1850—1851 年，共向加尔各答运去 20 万株茶苗及大批茶籽。从此之后，印度茶叶生产才开始走上正轨。

经过近 200 年的发展，印度的茶叶生产实现了机械化和科学化，成为位居世界前列的茶叶大国。据统计，2018 年，印度的茶叶总产量为 133.9 万 t，居世界第二。

印度生产的茶叶，96% 以上是红茶，只生产少量的绿茶。印度也是世界上最大的茶叶消费国家，年消费量为 60 万 t，人均年消费量为 640 g。

斯里兰卡原来名叫锡兰，位居印度南端，是个岛国。锡兰人饮茶的历史比较晚，在 1824 年才有人开始引种茶树。1854 年，锡兰成立了茶叶种植者协会，开始发展茶叶生产。

1887 年以后，锡兰茶叶进入发展期，紧随印度之后完成了茶叶生产机械化进程，私人的小茶园也陆续被大的股份公司所代替，茶叶种植面积再度膨胀。于是，锡兰茶叶大量出口，成为世界重要产茶区之一。2018 年，斯里兰卡茶叶总产量为 30.4 万 t。

由中国人首先发现和利用的茶叶已经成为一种世界性饮料。目前，世界上有 60 多个国家生产和种植茶叶。其中，主产国有亚洲的中国、印度、斯里兰卡、印度尼西亚、日本、土耳其、越南，非洲的肯尼亚，欧洲的俄罗斯和拉丁美洲的阿根廷等。2018 年，全球茶叶产量 589.7 万 t。中国茶叶产量 261.6 万 t，占世界茶叶总产量的 44.36%。茶叶产量位居前十的其他国家分别是：印度、肯尼亚、斯里兰卡、越南、印度尼西亚、土耳其、阿根廷、日本和孟加拉国。

除了满足生产国的需要之外，大量茶叶还成为国际贸易的主要农产品。世界茶叶的年出口量在 100 万 t 左右，2018 年，中国茶叶出口超过万吨的国家和地区为 12 个，出口集中度高，排名前二十的国家或地区占总出口量的 82.4%。出口量居前五位的分别是摩纳哥、乌兹别克斯坦、塞内加尔、美国和俄罗斯。

1.2　中国茶叶的分类与加工

中国是世界上最早利用茶叶,也是最先掌握制茶工艺的国家。在茶叶生产加工的过程中,我们的祖先制作出了千姿百态的茶叶,其种类堪称世界茶叶之最。

1.2.1　茶类的演变

在利用茶叶的漫长过程中,茶类的演变经历了咀嚼鲜叶、生煮羹饮、晒干收藏、蒸青做饼、蒸青散茶、炒青散茶、白茶、黄茶、黑茶、乌龙茶、红茶、现代再加工茶等阶段。

最早利用茶叶是从咀嚼鲜叶开始的,三国时出现了蒸青做饼;到唐代,蒸青做饼的工艺日臻完善,炒青工艺萌芽;经过宋、元,到明代,绿茶工艺得到完善;发展到清代,绿茶、白茶、黄茶、黑茶、青茶、红茶六大茶类品类齐全。

1.2.2　中国茶叶的分类及品质特点

世界各地对茶类的划分不尽相同。欧美国家由于茶叶种类较少,习惯上把茶叶分为绿茶(green tea)、红茶(black tea)和乌龙茶(oolong tea)。日本普遍按发酵程度把茶叶分为不发酵茶(绿茶类)、半发酵茶(白茶、黄茶和乌龙茶类)、全发酵茶(红茶类)和后发酵茶(黑茶类)4类。我国茶类众多,目前被广泛采用的分类方法是将中国茶叶分为基本茶类和再加工茶类两个大类。基本茶类包括绿茶、黄茶、白茶、青茶、红茶、黑茶六大茶类。其具体类别如图1.1所示。

1)绿茶的分类及品质特点

绿茶的基本特征是叶绿汤清,属于不发酵茶。根据杀青方式和最后干燥方式的差别,分为炒青绿茶、烘青绿茶、晒青绿茶和蒸青绿茶四类。用热锅炒干称为炒青,用烘焙方式进行干燥的称为烘青,利用日光晒干的称为晒青,鲜叶经过高温蒸气杀青的称为蒸青。除此之外,还有半烘炒茶和半蒸炒茶等。

(1)炒青茶

按茶的形状区分,可分为长炒青、圆炒青和扁炒青。以长炒青的产地最广、产量最多。

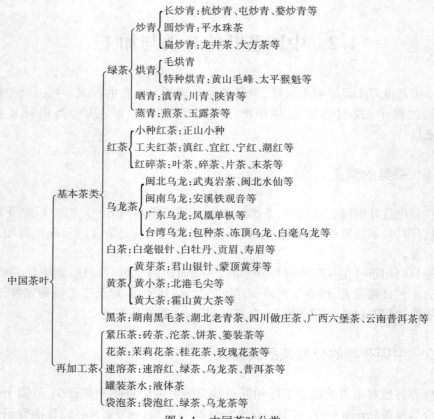

图 1.1 中国茶叶分类

①长炒青。传统主产区是浙江、安徽和江西三省,以小叶种茶树品种为主。浙江有杭炒青、遂炒青和温炒青;安徽有屯炒青、芜炒青和舒炒青;江西有婺炒青、赣炒青和饶炒青等。有时还按外销产品的称谓,分别称为杭绿、屯绿、婺绿等。

长炒青的品质特征是:高档茶条索紧结,浑直匀齐,有锋苗,色泽绿润;内质香气清高持久,滋味浓醇,汤色黄绿、清澈明亮,叶底嫩匀、黄绿明亮。其中以婺炒青和屯炒青品质为佳。

②圆炒青。圆炒青是我国绿茶的主要品种之一,历史上主要集散地在浙江绍兴市平水镇,因而称为"平水珠茶",毛茶又称为平炒青。圆炒青外形呈颗粒状,高档茶圆紧似珠,匀齐重实,色泽墨绿油润,内质香气纯正,滋味浓醇,汤色清明,叶底黄绿明亮,芽叶柔软完整。

③扁炒青。外形呈扁形,有龙井茶、大方茶、旗枪茶等。

现在龙井茶产区已根据原产地域保护的要求,划分为西湖产区、钱塘产区、越州产区3个产区。其中西湖产区范围为现杭州市西湖区所辖行政区域;钱塘产区范围是萧山、余杭、富阳、临安、桐庐、建德、淳安等县(市、区)所辖行政区域;越州产区范围是现绍兴、诸暨、嵊州、新昌所辖县(市、区)行政区域以及上虞、东阳、磐安、天台等县(市)的部分乡镇区域内。

用产自西湖产区的茶鲜叶生产的龙井茶称为"西湖龙井茶",其他产区的茶叶不得使用西湖龙井茶名称。非龙井茶原产地域生产的茶叶不得称为龙井茶。

西湖龙井茶产于浙江省杭州市西湖区。高档西湖龙井茶扁平尖削挺秀,光滑匀齐,色泽翠绿或嫩绿,香气鲜嫩清高持久,滋味鲜爽甘醇,有鲜橄榄的回味,汤色杏绿清澈明亮。冲泡在玻璃杯中,芽叶嫩匀成朵,一旗一枪,芽芽直立,栩栩如生,素以"色绿、香郁、味甘、形美"四绝著称。

浙江龙井茶产于浙江省萧山、富阳、余杭、新昌、嵊州等地区。高档浙江龙井茶品质特征为扁平光滑、匀整,色泽嫩绿稍润,香气嫩香,滋味醇爽,汤色黄绿明亮,叶底嫩匀多芽肥壮、黄绿明亮。

旗枪原产于浙江省杭州市郊区及富阳、余杭、萧山等地。旗枪茶外形平扁光洁,尚匀整;叶端带嫩茎,色泽嫩绿;内质香气清爽,滋味醇正鲜和;汤色浅绿清明,叶底嫩匀黄绿明亮。低级茶外形条欠扁、乌浑条较多、色泽青绿;内质香气低淡,汤色较黄欠明。

大方茶主产于安徽歙县,以老竹岭所产的品质最佳。浙江淳安和临安也有生产,一般用作窨制花茶的原料。由于初制中要经过"拷扁"的工艺,因此又称"拷方"。其品质特征是:外形平扁匀齐,挺直肥壮,略有棱角,色泽黄绿微褐光润;内质香气浓烈带热栗子香,滋味浓而爽口,汤色微黄清澈,叶底黄绿明亮,肥嫩柔软多芽。

(2)烘青

烘焙干燥的绿茶都属烘青茶。有毛烘青和特种烘青。毛烘青是条形茶,产区分布甚广,各主要产茶省均有生产,以浙江、安徽和福建三省为最多,品种以中小叶种为主。特种烘青即烘青名优茶,主要有黄山毛峰、太平猴魁、开化龙顶、江山绿牡丹等。

毛烘青的品质特征是:高档茶外形条索紧直,有锋苗、露毫,色泽深绿油润;内质香气清鲜,滋味鲜醇,汤色黄绿、清澈明亮,叶底嫩绿明亮、嫩匀完整。

(3)晒青

晒青茶产地较多,中南、西南各省区和陕西均有生产,如滇青、鄂青、川青、黔

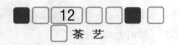

青、湘青、豫青和陕青等,品质以滇青为佳。晒青毛茶一部分精制后以散茶形式供应市场,大部分作为黑茶和紧压茶原料。

晒青茶品质特征是:外形条索尚紧结,色泽乌绿欠润,香气低闷,常有日晒气,汤色及叶底泛黄,常有红梗红叶。

(4)蒸青

蒸青茶有煎茶、玉露茶等,主要出口日本。

煎茶的品质要求干茶、汤色和叶底"三绿"。高档茶条索细紧圆整,挺直呈针形,匀称,有尖锋,色泽鲜绿有光泽;香气似苔菜香,味醇和,回味带甘,茶汤清澈呈淡黄绿色。中、低档茶,条索紧结略扁,挺直较长,色泽深绿,香气尚清香,滋味醇和略涩,叶底青绿色。

2)红茶分类及品质特征

红茶为全发酵茶,品质特点是红汤红叶。红茶根据加工方法的不同,分为工夫红茶、红碎茶、小种红茶3种。工夫红茶是条形红毛茶经多道工序,精工细做而成,因颇花工夫,故得此名。红碎茶是在揉捻过程中,边揉边切,或直接经切碎机械将茶条切细成为颗粒状。小种红茶条粗而壮实,因加工过程中有熏烟工序,使其香味带有松烟香味。

(1)小种红茶

小种红茶主产于武夷山市星村镇桐木村一带,又称正山小种。其外形粗壮肥实;色泽乌黑油润有光;汤色鲜艳浓厚,呈深金黄色;香气纯正高长,带松烟香;滋味醇厚,类似桂圆汤味;叶底厚实,呈古铜色。

(2)工夫红茶

我国工夫红茶根据产地分,有云南的滇红、安徽的祁红、湖北的宜红、江西的宁红、四川的川红、浙江的浙红(也称越红)、湖南的湖红、广东(海南)的粤红、福建的闽红等。其中品质优良且较有代表性的工夫红茶为大叶种的滇红和小叶种的祁红。

①滇红。产于云南省的凤庆、云县、勐海等县,品种为云南大叶种,根据鲜叶的嫩匀度不同,一般分为特级、一至五级。其中高档滇红外形条索肥壮重实,显锋苗,色泽乌润显毫,香气嫩香浓郁,滋味鲜爽浓强,收敛性强,汤色红艳,叶底肥厚柔嫩、色红艳;中档茶外形条索肥嫩紧实,尚乌润有金毫,香气浓纯,类似桂圆香或焦糖香、滋味醇厚,汤色红亮,叶底尚嫩匀、红匀尚亮;低档茶条索粗壮尚紧,色泽乌黑稍泛棕,香气纯正,滋味平和,汤色红尚亮,叶底稍粗硬、红稍暗。

除传统滇红外,近年来市场上还出现了一个颇受欢迎的红茶品种——晒红,即以日晒代替原来烘培干燥工艺制成的红茶。

②祁红。产于安徽省祁门县,品种以小叶种中的楮叶种为主,按鲜叶原料的嫩匀度分为特级、一级至五级。其中高档祁红外形条索细紧挺秀,色泽乌润有毫,香气鲜嫩甜、带蜜糖香,滋味鲜醇嫩甜,汤色红艳,叶底柔嫩有芽、红匀明亮。

(3)红碎茶

我国红碎茶分为叶茶、碎茶、片茶、末茶4个类型,各类型又细分若干花色。品种不同的红碎茶,品质上有较大差异。花色规格不同,其外形形状、颗粒重实度及内质香味品质都有差别。

3)乌龙茶分类及品质特征

乌龙茶按产地不同分为福建乌龙茶、广东乌龙茶和台湾乌龙茶。其采制特点是:采摘一定成熟度的鲜叶,经萎凋、做青、杀青、揉捻、干燥后制成,形成其品质的关键工序是做青。

(1)福建乌龙茶

福建乌龙茶按做青(发酵)程度分闽北乌龙茶和闽南乌龙茶两大类。

①闽北乌龙茶。闽北乌龙茶做青时发酵程度较重,揉捻时无包揉工序,因而条索壮结弯曲,干茶色泽较乌润,香气为熟香型,汤色橙黄明亮,叶底三红七绿、红镶边明显。闽北乌龙茶根据品种和产地不同,有闽北水仙、闽北乌龙、武夷水仙、武夷肉桂、武夷奇种、品种(乌龙、梅占、观音、雪梨、奇兰、佛手等)普通名枞(金柳条、金锁匙、千里香、不知春等)、名岩名枞(大红袍、白鸡冠、水金龟、铁罗汉等)。其中武夷岩茶类如武夷水仙、武夷肉桂等香味具特殊的"岩韵",汤色橙红浓艳,滋味醇厚回甘,叶底肥软、绿叶红镶边。

历史上武夷岩茶按产地不同划分为正岩茶、半岩茶和洲茶,以正岩茶品质最好。现在,政府为扩大当地茶叶生产、发展经济的需要,根据原产地保护的要求,把武夷岩茶的产地范围分为名岩产区和丹岩产区。名岩产区为武夷山风景区范围。丹岩产区为武夷岩茶原产地域范围内(武夷山市辖区范围)除名岩产区的其他地区。

②闽南乌龙茶。闽南乌龙茶做青时发酵程度较轻,揉捻较重,干燥过程间有包揉工序,形成外形卷曲,壮结重实,干茶色泽较砂绿润,香气为清香细长型,叶底绿叶红点或红镶边。闽南乌龙茶根据品种不同有安溪铁观音、安溪色种、永春佛手、闽南水仙、平和白芽奇兰、诏安八仙茶、福建单枞等。除安溪铁观音外,安溪县内的毛蟹、本山、大叶乌龙、黄金桂、奇兰等品种统称为安溪色种。

(2)广东乌龙茶

广东乌龙茶的主制品种有岭头单枞、凤凰单枞无性系——黄枝香单枞、芝兰香单枞、玉兰香单枞、蜜兰香单枞等,以及少量凤凰水仙。

①岭头单枞。条索紧结挺直,色泽黄褐油润;香气有自然花香,滋味醇爽回甘,蜜味显现,汤色橙黄明亮,叶底黄腹朱边柔亮。

②凤凰单枞。主产于潮州市潮安县的名茶之乡凤凰镇凤凰山区。是从凤凰水仙群体品种中筛选出来的优异单株,品质优于凤凰水仙。其初制加工工艺接近闽北制法,外形也为直条形,紧结重实,色泽金褐油润或绿褐润。其香型因各名枞树型、叶型不同而各有差异。有浓郁栀子花香的,称为黄枝香单枞;香气清纯浓郁具自然兰花清香的,为芝兰香单枞;更有桂花香、蜜香、杏仁香、天然茉莉香、柚花香等。其滋味醇厚回甘,也因各名枞类型不同,其韵味和回甘度有区别。

（3）台湾乌龙茶

台湾乌龙茶按其发酵程度划分,主要有包种茶、冻顶乌龙和白毫乌龙（又名红乌龙）。

①包种茶。包种茶是目前台湾生产的乌龙茶中数量最多的,它的发酵程度是所有乌龙茶中最轻的,品质较接近绿茶。外形呈直条形,色泽深翠绿,带有灰霜点;汤色蜜绿,香气有浓郁的兰花清香,滋味醇滑甘润,叶底绿翠。

②冻顶乌龙。产于台湾南投县的冻顶山,它的发酵程度比包种茶稍重。外形为半球形,色泽青绿、略带白毫,香气兰花香、乳香交融,滋味甘滑爽口,汤色金黄中带绿意,叶底翠绿、略有红镶边。

③白毫乌龙。白毫乌龙是所有乌龙茶中发酵最重的,而且鲜叶嫩度也是乌龙茶中最嫩的,一般为带嫩芽采一芽二叶。其外形茶芽肥壮,白毫显,茶条较短,色泽呈红、黄、白三色;汤色呈鲜艳的橙红色,香气有天然的花果香,滋味醇滑甘爽,叶底红褐带红边,叶基部呈淡绿色,芽叶完整。

4）黄茶分类及品质特征

黄茶的初制工序与绿茶基本相同,只是在干燥前增加一道"闷黄"工序,导致黄茶香气变化,滋味变醇。黄茶按鲜叶老嫩的不同,有芽茶、叶茶之分,可分为黄茶芽、黄小茶和黄大茶3种。

（1）黄芽茶

黄芽茶包括君山银针、蒙顶黄芽、霍山黄芽等。

①君山银针。产于湖南省岳阳洞庭湖的君山。君山银针全部用未开展的肥嫩芽尖制成。制法特点是在初烘、复烘前后进行摊凉和初包、复包。其品质特征是外形芽实肥壮,满披茸毛,色泽金黄光亮;内质香气清鲜,汤色浅黄,滋味甜爽,叶底全芽、嫩黄明亮。冲泡在玻璃杯中,芽尖冲向水面,悬空竖立,继而徐徐下沉,部分壮芽可三上三下,最后立于杯底。

按茶芽的肥壮程度一般分为极品、特级和一级。极品银针茶芽竖立率大于或等于90%,特级竖立率大于或等于80%,一级竖立率大于或等于70%。

②蒙顶黄芽。产于四川雅安名山县。鲜叶采摘为一芽一叶初展,初制分为杀青、初包、复锅、复包、三炒、四炒、烘焙等工序。其品质特征是外形芽叶整齐,形状扁直,肥嫩多毫,色泽金黄;内质汤色嫩黄,味甘而醇,叶底嫩匀、嫩黄明亮。

③霍山黄芽。产于安徽霍山县。鲜叶采摘标准为一芽一叶、一芽二叶初展,初制分炒茶(杀青和做形)、初烘和摊放、复烘和摊放、足烘等工序。每次摊放时间较长,约一两天,其品质特征是在摊放过程中形成的。黄芽的外形芽叶细嫩多毫,色泽黄绿;内质汤色黄绿带金黄圈,香气清高,带熟板栗香,滋味醇厚回甘,叶底嫩匀黄亮。

(2)黄小茶

黄小茶的鲜叶采摘标准为一芽一、二叶或一芽二、三叶,有湖南的北港毛尖和沩山毛尖,浙江的平阳毛尖,皖西的黄小茶等。

①北港毛尖。产于湖南省岳阳北港,鲜叶采摘标准为一芽二、三叶。初制分为杀青、锅揉、闷黄、复炒、复揉、炒干等工序。品质特点是外形条索紧结重实卷曲,白毫显露,色泽金黄;内质汤色杏黄清澈,香气清高,滋味醇厚,耐冲泡,三四次尚有余味。

②沩山毛尖。产于湖南省宁乡县的沩山。品质特征是外形叶边微卷,金毫显露,色泽黄亮油润;内质汤色橙黄明亮,有浓厚的松烟香,滋味甜醇爽口,叶底芽叶肥厚黄亮。此茶为甘肃、新疆等地消费者所喜爱。形成沩山毛尖品质特征的关键是在初制时经过"闷黄"和"烟熏"两道工序。

(3)黄大茶

黄大茶的鲜叶采摘标准为一芽三、四叶或一芽四、五叶。产量较多,主要有安徽霍山黄大茶和广东大叶青茶。

①霍山黄大茶。鲜叶采摘标准为一芽四、五叶,初制为炒茶与揉捻、初烘、堆积、烘焙等工序。堆积时间较长(5~7天),烘焙火功较足,下烘后趁热踩篓包装,是形成霍山黄大茶品质特征的主要原因。

霍山黄大茶外形叶大梗长,梗叶相连,形似钓鱼钩,色泽油润,有自然的金黄色;内质汤色深黄明亮,有突出的高爽焦香,似锅巴香,滋味浓厚,叶底色黄,耐冲泡。

②广东大叶青。以大叶种茶树的鲜叶为原料,采摘标准一芽三、四叶。初制为萎凋、杀青、揉捻、闷堆、干燥等工序,其中闷堆是形成大叶青茶品质特征的主要工序。广东大叶青外形条索肥壮卷曲,身骨重实,显毫,色泽青润带黄(或青褐色);内质香气纯正,滋味浓醇回甘,汤色深黄明亮(或橙黄色),叶底浅黄色,

芽叶完整。

5）白茶分类及品质特征

白茶是我国特种茶类之一，主产于福建福鼎、政和、建阳等地。传统工艺的白茶是不经炒、揉，直接萎凋（或干燥）而成的片叶茶，属微（轻度）发酵茶。

白茶按其鲜叶原料的茶树大小品种来分，有大白和小白。经精制后，花色品种有白毫银针、白牡丹、贡眉、寿眉。除福建外，近年云南部分产茶区采用白茶工艺制作的"月光白"，色泽黑（叶面）白（叶背茸毛显）分明，品质独特。

（1）白毫银针

白毫银针以大白茶肥壮单芽采制而成。色泽银白，形似针，故称白毫银针。其品质特征为：外形单芽肥壮，满披白毫，香气清芬，滋味鲜醇，汤色清亮。

（2）白牡丹

一芽二叶，芽叶连枝，白毫显露，形态自然，形似枯萎的花朵，故名白牡丹。特级茶要求选料细嫩，芽毫多而显壮，色泽灰绿或翠绿，芽毫银白，匀整度好；内质香气鲜爽，滋味清甜浓醇，汤色清澈橙黄。

6）黑茶的分类及品质特点

黑茶成品有散茶和紧压茶两类，紧压茶属再加工茶。

（1）散装黑茶

散装黑茶也称黑毛茶，主要有湖南黑毛茶、湖北老青茶、四川做庄茶、广西六堡散茶、云南普洱茶等。鲜叶原料成熟度较高。

黑茶总的品质要求是香味纯和无粗涩气味，汤色橙黄，叶底黄褐或黑褐。以云南普洱茶为例，特级普洱茶的品质特征是：外形条索紧细、匀整，色泽褐润显毫、匀净；内质陈香浓郁，滋味浓醇甘爽，汤色红艳明亮，叶底红褐柔嫩。

（2）紧压黑茶

紧压黑茶是指以黑毛茶为原料，经整理加工后，蒸压制成的各种形状的茶叶。根据压制的形状不同，可分为砖形茶（如茯砖茶、花砖茶、老青砖、米砖茶、云南砖茶等）、枕形茶（如康砖茶和金尖茶）、碗臼形茶（如普洱沱茶）、圆形茶（如饼茶、七子饼茶）等。

其品质要求是外观形状与色泽、内质要符合该茶类应有的规格要求，如成型的茶，外形平整，个体压制紧实或紧结，不起层脱面，压制的花纹清晰，具有该茶类应有的色泽特征，内质要求香味纯正，无酸、馊、霉、异等不正常气味，也无粗、涩等气味。

1.2.3 制茶技术

不同的加工工艺,是区分茶叶种类的重要依据。

从茶树上采摘下来的芽叶,称为鲜叶,又称生叶、青叶、茶菁。鲜叶必须经过加工,制成各类茶叶,才适宜饮用和储藏。目前,我国的茶叶制造一般分为两个过程:从鲜叶至半成品,叫做初制,其制成品称为毛茶;毛茶再经过加工处理,称为精制,其成品叫精制茶。下面主要介绍各类茶叶的初制工艺过程。

1)绿茶的初制工艺

中国是世界绿茶的主产国,中国绿茶产量占世界绿茶总产量的65%左右,出口量占世界贸易量的75%左右。由此可见,中国绿茶生产在世界茶叶生产中占有重要地位。

绿茶按杀青和干燥方式的不同可分为4类,即炒青绿茶、烘青绿茶、晒青绿茶、蒸青绿茶。

绿茶的初制基本工艺是:杀青→揉捻→干燥。

(1)杀青

杀青就是用高温钝化鲜叶中酶的活性,从而制止茶多酶类的酶促氧化,以形成绿茶"清汤绿叶"的品质特色。杀青的目的有3个方面:其一,利用高温破坏鲜叶中酶的活性,制止酶促氧化,保持固有的绿色,形成绿茶特有的香味和色泽;其二,在高温作用下使鲜叶内的水分发生变化,使鲜叶变柔软,便于揉捻的进行;其三,发散鲜叶青臭气,产生茶香。

杀青方式分蒸青和炒青两种,我国绿茶加工大多采用炒青方法杀青。蒸青是用高温的蒸气来达到杀青的目的。炒青是用锅炒杀青。

(2)揉捻

揉捻是为了使茶叶卷紧成条,形成良好的外形。同时适当揉破叶细胞,使茶汁流出黏附于叶表面,冲泡时细胞中的物质易浸出,增加茶汤浓度。

(3)干燥

干燥的作用是去除茶叶中多余的水分,固定揉捻后的外形条索,诱发茶叶香气。

绿茶的干燥方法分炒干、烘干与晒干等,炒干的称炒青,烘干的称烘青,晒干的称晒青。由于干燥方法的不同,其成茶品质也各异。烘青绿茶的干燥一般分两次进行,即初干与再干。

炒青绿茶干燥的最后一道工序是辉锅。辉锅的目的是继续整形,使茶条进

一步紧结,茶条表面产生均匀的灰绿色。

2)红茶的初制工艺

红茶是世界上产量和贸易量最大的茶类。其初制基本工艺是:萎凋→揉捻(切)→发酵→干燥。

(1)工夫红茶的初制

①萎凋。就是将采下的鲜叶摊放,使其失去部分水分,叶质变柔软。

萎凋分自然萎凋与萎凋槽萎凋两种。自然萎凋又分为室内萎凋和室外萎凋,是利用温度、湿度和通风条件达到萎凋目的。萎凋槽萎凋是在特制的萎凋槽内进行,通过吹送凉风或热风,加速水分的蒸发。萎凋的要求是均匀、适度。当萎凋叶含水量减少,叶片柔软,叶色由鲜绿变为暗绿,叶面失去光泽,并且有清香,此时即为萎凋适度。

②揉捻。工夫红茶的揉捻作用是破坏叶细胞组织,揉出茶汁,便于萎凋后的鲜叶在酶的作用下进行必要的氧化作用;其次,茶汁溢出,黏于茶叶的表面,增进滋味的浓度;再者,使芽叶紧卷成条,达到工夫红茶外形的规格要求。红茶滋味的浓淡,除品种因素外,在工艺上取决于揉捻叶的细胞破损程度。

③发酵。发酵是指经过揉捻的叶的化学成分在有氧的情况下氧化变色,形成茶黄素和茶红素,从而形成红茶红叶红汤品质特点的过程。

发酵是在发酵室内进行的。当叶色转变为黄红色或红色,青草气味全部消失,有浓厚的茶香,即可认为发酵适度。

④干燥。干燥的目的是制止酶的活动,停止发酵,使发酵形成的品质固定下来;去除水分到足干,利于成茶储藏;结合去水使在制品塑形变化,缩小体积,进一步发展红茶的特有香气。

红茶干燥一般采用烘干机烘干,经毛火→摊凉→足火而成。

干燥程度的掌握,毛火时,以用手握茶有刺手感和梗子不易折断为适度;足火时,以茶梗易折断、叶子用手指捏即成粉末、有浓烈的茶香为适度。

(2)红碎茶的初制

红碎茶是世界上产销量最大的茶类。其初制与红条茶的初制基本相似,其初制工艺分为萎凋、揉切、发酵、干燥4道工序,除揉切工序外,其余均与红条茶初制方法相同,但各工艺的技术指标则不相同。

揉切是红碎茶初制过程中的主要工序之一,由于揉切采用的机具不同,工艺技术亦不相同,产品的外形、内质亦不相同。目前,主要采用 C. T. C 机加工。

C. T. C. 揉切机(crushing 碾碎、tearing 撕裂、curling 卷曲)是一种对萎凋叶进行碾碎、撕裂、卷曲的双齿辊揉切机。其优点是时间短,效率高,有利于提高产量和质量。

3）青茶的初制工艺

青茶又称乌龙茶,其初制工序概括起来可分为:萎凋→摇青→炒青→揉捻→干燥。

（1）萎凋

萎凋的作用是通过光能、热能使鲜叶适度失水,促进酶的活性而引起叶内成分的转化。萎凋的方法有晾青、晒青、加温萎凋和人控条件萎凋4种。

（2）摇青

摇青是将经晒青萎凋后的鲜叶置于水筛上或摇青机内,通过机械能作用,促使叶缘受到摩擦,细胞组织破损,茶多酚物质发生酶性氧化和缩合,使这一部分叶子变红。

摇青是形成青茶品质特征的重要工艺。

（3）炒青

炒青是利用高温破坏酶的活力,停止发酵作用,防止叶子继续变红,固定摇青形成的品质。另外,炒青蒸发一部分水分,使叶质柔软,适于揉捻。

（4）揉捻

揉捻是将炒青叶,经过反复搓揉,使叶片由片状而卷成条索,形成青茶所需要的外形;同时破损叶细胞,使茶汁黏附叶表,以增浓茶汤。

（5）干燥（烘焙和包揉）

烘焙即干燥,是为了抑制酶氧化,蒸发水分和软化叶子,并通过热化作用消除苦涩味、发展香气,促使滋味醇厚的工艺流程。

包揉是闽南乌龙茶的加工工艺。包揉的作用主要是塑形。包揉又分初包揉和复包揉。初包揉时,用白细布将初焙的茶坯趁热包裹,进行包揉,运用揉、搓、压、抓的手法,使茶叶在包中转动,揉至卷曲成条,3~4 min即将茶解开散热。复包揉主要是进一步整形,使茶条卷曲紧结,耐于冲泡,其方法是将复焙茶叶,趁热包揉约2 min即可。

4）白茶的初制工艺

白茶是我国的特产,因其干茶表面密布白色的茸毛而得名。其品质特征的形成,一是原料多采摘茸毛较多的幼嫩芽叶,二是采取不炒不揉的晾晒烘干工艺。白茶的制造工艺因产地和品种的不同而略有差异,概括起来有两大工艺:萎凋→干燥。

（1）萎凋

白茶的萎凋一般采用自然萎凋和人工萎凋两种方式。

（2）干燥

萎凋适度的叶子，品质已基本固定下来，可以采用烘焙或日晒干燥，直到足干为止。

5）黄茶的初制工艺

黄茶是我国的特有茶类。黄茶的品质特点是黄汤黄叶。

黄茶的初制工序为：杀青→揉捻→闷黄→干燥。

揉捻并非黄茶加工必不可少的工序，如君山银针、蒙顶黄芽就不需揉捻。

（1）杀青

黄茶杀青应掌握"高温杀青，先高后低"的原则，以彻底破坏酶的活性，防止产生红梗红叶和烟焦味。

（2）闷黄

闷黄是制造黄茶的特殊工艺，也是形成黄叶黄汤品质特点的关键工序。闷黄即为茶叶的黄变创造适当的湿热条件，使叶色变黄，香气滋味也随着改变。根据不同的茶叶品种及其制造工艺，闷黄时间也各有长短。

（3）干燥

黄茶的干燥一般采用分次干燥。干燥方法有烘干和炒干两种，干燥温度偏低，第一次到七八成干，第二次到足干。

6）黑茶的初制工艺

黑茶是经过渥堆后发酵的茶类，湖南安化的黑茶、四川边茶、广西六堡茶、云南普洱茶等均属黑茶类，其初制工艺各地略有不同。以云南普洱茶为例，其主要制作工艺为：杀青→揉捻→晒干→发酵→干燥。

（1）杀青

普洱茶杀青前先须摊晾，至含水量降到70%时再及时杀青。杀青的目的与绿茶相同，破坏酶的活性，使叶内水分蒸发散失，促使叶质变软，便于揉捻。

（2）揉捻

通过揉捻，破坏叶细胞，使茶汁流出，并使叶片紧卷成条。

（3）晒干

日光晒干至含水量不超过10%。晒干后的茶叶称晒青散茶。

（4）发酵

黑茶属于后发酵茶，普遍采用渥堆发酵的方法。渥堆的目的是使揉捻叶在堆积中保持一定的温度和湿度，以便茶叶充分发酵。

普洱茶（熟茶）采用快速后发酵工艺。茶叶在一定的环境条件下，经微生

物、酶和湿热等综合作用,其内含物质发生一系列转化,形成普洱茶独有的品质特征的过程。

（5）干燥

普洱茶与其他茶类的干燥要求有所不同。普洱生茶和普洱散茶的含水量需控制在13%以内,普洱茶(熟茶)的含水量需控制在14%以内。

7）再加工茶类的制造

所谓再加工茶,即以成品茶为原料进一步深加工为新的品种,如花茶、速溶茶、紧压茶等。

（1）花茶的窨制

花茶是中国特有的茶类,它是以经过精制的烘青绿茶为原料,经过窨花而成。花茶也称熏花茶、香花茶、香片。花茶一般依窨制的鲜花而命名,如茉莉花茶、珠兰花茶、玉兰花茶、柚子花茶、玳玳花茶和玫瑰花茶等。也有在花名前加上窨花次数为名的,如单窨、双窨、三窨等。

①花茶的窨制原理。花茶的窨制是将鲜花与茶叶拌和,在静置状态下,茶叶缓慢吸收花香,然后除去花朵,将茶叶烘干而成花茶。花茶加工是利用鲜花吐香和茶叶吸香两个特性,一吐一吸,使茶味花香水乳交融,这是花茶窨制工艺的基本原理。由于鲜花的吐香和茶叶的吸香是缓慢进行的,因此花茶窨制过程的时间较长。

②花茶窨制工艺。花茶窨制工艺分茶坯处理、鲜花维护、拌和窨制、通花散热、收堆续窨、转窨或提花、复火摊凉、匀堆装箱等工序。

（2）速溶茶的制造

速溶茶是以成品茶为原料,通过提取、过滤、转溶、浓缩、干燥、包装等工艺处理加工而成的一种粉状或颗粒状、易溶于水的固体饮料。

20世纪40年代,随着速溶咖啡的发展,在美国首先进行了速溶红茶的试制。到50年代在美、英等国,速溶茶均已发展成为一种茶叶新品种在市场上销售。我国在20世纪70年代开始试制速溶茶。

（3）紧压茶的压制技术

紧压茶是我国历史悠久的茶类,其历史可以追溯到三国时期。唐代的蒸青饼茶和宋代的龙团凤饼均属紧压茶。其特点是便于运输和储存。紧压茶的压制,过去多用手工操作。如云南省的西双版纳等普洱茶传统产茶区现在还保留着传统的手工操作。但手工操作劳动强度大,生产效率低,现在大都使用机器操作。

紧压茶的品种很多,但其压制的主要工序基本相似,主要有称茶、蒸茶、装匣、预压、紧压、退匣、干燥等工序。

1.2.4 中国的产茶区

中国处在亚热带温带地区,茶区平均分布在北纬18°~37°,东经94°~122°的广阔范围内。包括台湾在内,中国有20个省、市、自治区产茶。它们是浙江、福建、安徽、江苏、江西、湖南、湖北、四川、云南、广西、广东、海南、河南、陕西、山东、甘肃、台湾、西藏、上海、重庆。

按照所处的地理位置、生态条件和茶叶生产特点,一般分为4个茶区:江南茶区、华南茶区、西南茶区和江北茶区。

(1)江南茶区

江南茶区是我国茶叶生产最集中的茶区,包括长江中下游以南的浙江、安徽南部、江苏南部、上海、江西、湖南和福建北部等区域。这个茶区的年平均气温为16~18 ℃,降水量为1 300~1 800 mm,大部分地区生态条件较好,是种茶适宜区域。江南茶区以生产绿茶为主,也生产红茶、乌龙茶、白茶、紧压茶、花茶。

(2)华南茶区

华南茶区包括岭南的广东、海南、广西、闽南和台湾等区域,这个茶区的年平均气温为19~20 ℃,降水量在2 000 mm以上,热量丰富,一年四季几乎都有茶采,是茶树种植的最适宜区,华南茶区以生产红、绿茶为主,也是我国乌龙茶的主产地。

(3)西南茶区

西南茶区是指我国西南高原茶区,包括云南、贵州、四川、重庆和西藏的一部分地区。这个茶区的年平均气温为15~19 ℃,降水量为1 000~1 700 mm,是茶树原产地域。区内有我国最古老的茶园和茶树。西南茶区以生产红茶、绿茶和边销紧压茶为主。

(4)江北茶区

江北茶区包括长江中下游以北的山东、安徽北部、江苏北部、河南、陕西和甘肃南部。这个茶区的年平均气温为14~16 ℃,年降水量为800~1 100 mm,气温较低,降水量偏少,茶树在冬季易遭冻害,产量较低。江北茶区主要生产绿茶。

我国是一个主产绿茶的国家,近年来绿茶产量占总产量的70%左右,所有的产茶省区都生产绿茶,但品质较好的主要分布在江南茶区和江北茶区。西南茶区和华南茶区的云南、海南、广西、广东等省区很适宜于红茶的生产,品质也较

好。我国的乌龙茶主产于福建、广东和台湾地区。茉莉花茶主要产于福建、广西、湖南、四川等地。紧压茶主产于云南、四川、湖南、湖北、广西等地。

1.3　茶叶品质的鉴别

茶叶的品质是茶叶生产加工、销售贸易的重要指标。要保证茶叶具有好的品质,必须从产地环境条件、茶种选育、茶园管理、生产加工、包装运输、收藏等方面入手,严格遵守有关生产技术标准。

对茶叶品质的鉴别是一项技术性要求较高的工作,需要具有专门审评技术的评茶人员来完成。作为茶艺人员,必须了解和掌握一些审评的基础知识和技能,才能对茶叶品质有一个基本的认识。

1.3.1　茶叶审评方法

茶叶品质的鉴别,目前主要采用感官审评的方法,即通过视觉、嗅觉、味觉和触觉,对茶叶的优次进行评定。

1)审评项目和审评因子

审评分干评外形和湿评(开汤)内质两项。外形包括条索、整碎、色泽、净度4个因子,内质包括汤色、香气、滋味、叶底4个因子。审评时,先干评后湿评,确定茶叶品质的项目,鉴别出茶叶品质的优次并确定等级。

(1)外形审评

①条索(包括嫩度)。

叶片卷转成条称为条索。条索是各类茶所具有的一定外形规格,它是区别商品茶种类和等级的依据。一般长条形茶评比松紧、弯直、壮瘦、圆扁、轻重,圆形茶评比颗粒的松紧、匀正、轻重、空实,扁形茶则评比是否符合规格以及平整光滑程度等。

嫩度是外形审评因子的重点,嫩度主要看芽叶比例与叶质老嫩,有无锋苗和毫毛及条索的光亮度。一般来说,嫩度好的茶叶,应符合该茶类规格的外形要求,条索紧结重实,芽毫显露,完整饱满。

②整碎。整碎是指茶叶的完整断碎程度以及拼配的匀整程度,好的茶叶要保持茶叶的自然形态,精制茶要看是否匀称,面张茶是否平伏。

③色泽。色泽是反映茶叶表面的颜色、色的深浅程度,以及光线在茶叶面的

反射光亮度。各种茶叶均有其一定的色泽要求,如红茶乌黑油润、绿茶翠绿、乌龙茶青褐色、黑茶黑油色等。

④净度。净度是指茶叶中含夹杂物的程度。净度好的茶叶不含任何夹杂物。

（2）内质审评

①香气。香气是茶叶冲泡后随水蒸气挥发出来的气味。由于茶类、产地、季节、加工方法的不同,就会形成与这些条件相应的香气。如红茶的甜香、绿茶的清香、乌龙茶的果香或花香、高山茶的嫩香、祁门红茶的砂糖香等。审评香气除辨别香型外,主要比较香气的纯异、高低、长短。香气纯异指香气与茶叶应有的香气是否一致,是否夹杂其他异味,香气高低可用浓、鲜、清、纯、平、粗来区分,香气长短也就是香气的持久性,香高持久是好茶,烟、焦、酸、馊、霉是劣变茶。

②汤色。汤色是茶叶形成的各种水溶物质,溶解于沸水中而反映出来的色泽。汤色在审评过程中变化较快,为了避免色泽的变化,审评中要先看汤色或者嗅香气与看汤色结合进行。汤色审评主要抓住色度、亮度、清度三方面。汤色随茶树品种、鲜叶老嫩、加工方法而变化,但各类茶有其一定的色度要求,如绿茶的黄绿明亮、红茶的红艳明亮、乌龙茶的橙黄明亮、白茶的浅黄明亮等。

③滋味。滋味是评茶人的口感反应。评茶时,首先要区别滋味是否纯正,一般纯正的滋味可以分为浓淡、强弱、鲜爽、醇和几种。不纯正滋味有苦涩、粗青、异味,好的茶叶浓而鲜爽,刺激性强,或者富有收敛性。

④叶底。叶底是冲泡后剩下的茶渣。评定方法是以芽与嫩叶含量的比例和叶质的老嫩度来衡量。芽或嫩叶的含量与鲜叶等级密切相关,一般好的茶叶的叶底,嫩芽叶含量多,质地柔软,色泽明亮均匀一致。

2）审评要求

感官审评对标准样、环境、设施和人员均有专门的要求。

（1）设立实物标准样

实物标准样茶是鉴别茶叶品质的主要依据。实物标准样一般可分为毛茶标准样、加工标准样和贸易标准样3种。

①毛茶标准样。毛茶标准样是收购毛茶的质量标准。按照茶类不同,有绿茶类、红茶类、乌龙茶类、黑茶类、白茶类、黄茶类等六大类。其中红毛茶、炒青、毛烘青均分为六级十二等,逢双等设样,设6个实物标准样;黄大茶分为三级六等,设3个实物标准样;乌龙茶一般分为五级十等,设一至四级4个实物标准样;黑毛茶及康南边茶分4个级,设4个实物标准样;六堡茶分为五级十等,设5个实物标准样。

②加工标准样。加工标准样又称加工验收统一标准样或精制茶标准样,是毛茶加工成各种外销、内销、边销成品茶时对样加工,使产品质量规格化的实物依据,也是成品茶交接验收的主要依据。各类茶叶加工标准样按品质分级,级间不设等。

③贸易标准样。贸易标准样又称销售标准样或出口茶标准样,是根据我国外销茶叶的传统风格、市场需要和生产可能,由主管茶叶出口经营部门制订,是茶叶对外贸易中成交计价和货物交接的实物依据。各类、各花色按品质质量分级,各级均编以固定号码,即茶号。如特珍特级、特珍一级、特珍二级,分别为41022,9371,9370,珠茶特级为3505。

(2)审评环境和设施

审评要求在专门的审评室进行,有专用的审评用具,如审评杯碗、评茶盘、天平、计时器等。此外,因为水质对茶叶汤色、香气和滋味的影响较大,所以必须选择符合评茶要求的用水,评茶时水的温度为100 ℃。

3)大宗茶类的审评方法

(1)绿茶、红茶、黄茶、白茶的审评方法

①外形审评方法:绿茶、红茶、黄茶、白茶根据其花色品种不同,品质特征也各不相同,进行外形审评时应对照标准样茶,按照审评项目和品质规格进行评比,鉴别出品质的优次和确定等级。

②内质审评方法:内质审评毛茶和精制茶有所不同。

a.绿茶、红茶、黄茶、白茶、毛茶。取有代表性的样茶4 g,放入200 mL的审评杯中(茶水比例为1∶50)冲泡5 min,将茶汤滤入审评碗中,评比内质各因子。

b.精制绿茶、红茶、黄茶、白茶。取有代表性样茶3 g,放入150 mL的审评杯中,冲泡5 min后,滤出茶汤,评比内质各因子。

(2)乌龙茶审评方法

①外形审评方法:对照标准样或成交样逐项评比外形各项因子。

②内质审评方法:混合茶样,取5 g茶样,置于110 mL的审评杯中,注满沸水,刮去泡沫,加盖浸泡,待2 min后,闻盖香。然后将茶汤滤入110 mL的评茶碗中,依次审评其汤色、滋味,每只茶样反复冲泡3次,冲泡时间依次为2 min、3 min、5 min,最后将杯中茶渣移入叶底盘中,评叶底。

(3)花茶的审评方法

①外形审评方法:花茶审评除对照各省制订的花茶级型坯标准样评比条索(包括嫩度)、整碎、色泽、净度、叶底各项因子外,应侧重审评香气和滋味。

②内质审评的方法:把样盘里的成品样茶充分拌匀,用"三指中心取样法"

均匀抽取具有代表性的样茶 3 g(应拣去花瓣、花柄、花蕊、花蒂、花干等),放入容量 150 mL 的审评杯中,用沸水冲泡,盖上杯盖。一般分两次冲泡,第一次 3 min,沥出茶汤后,先嗅杯中的香气,次看碗中的汤色,然后尝茶汤的滋味,再进行第二次冲泡,时间 5 min。评完香气、汤色、滋味后,把茶渣倒在叶底盘中评叶底。

(4)紧压茶的审评方法

①外形审评方法。紧压茶外形应对照实物标准样,评定其形状规格、色泽、松紧。其中分里茶、面茶的个体产品,如青砖茶、紧茶、饼茶、沱茶等先评整个外形的匀整度、松紧度和洒面是否光滑、包心是否外露等,再将个体打开,检视茶梗嫩度,里茶有无霉变及有无非茶类夹杂物等。不分里、面茶的成包(篓)产品,如湘尖茶、六堡茶、方包茶等,先将包内上、中、下部采集的茶样充分混匀,分取试样 100 g,置于评茶盘中,评比嫩度、色泽两项。六堡茶加评条索、净度两项。

②内质审评方法。将评茶盘中试样充分混匀后称取试样 5 g(沱茶、紧茶为 4 g),置于 250 mL(沱茶、紧茶为 200 mL)的审评杯中,沸水冲泡至满,加盖浸泡 10 min(其中茯砖茶 8 min,沱茶、紧茶 7 min),滤入审评碗中,评比其香气、汤色、滋味、叶底。

1.3.2 茶叶的鉴别

日常生活中,人们在购买茶叶时会遇到诸如新茶、陈茶、春茶、夏茶、秋茶等不同的称呼方法。那么,如何进行区分呢?

1)新茶与陈茶

新茶与陈茶是相对而言的。习惯上,人们将当年春季从茶树上采摘的头几批鲜叶,经加工而成的茶叶,称为新茶,而将上年甚至更长时间采制加工而成的茶叶称为陈茶。

就大部分茶叶来说,新茶与陈茶相比,以新茶为好。新茶的色香味形,都给人以新鲜的感觉。而隔年陈茶,无论是色泽还是滋味,总是比新茶差。这是因为在存放过程中,由于光、热、水、气的作用,茶叶中的内含物质发生缓慢的氧化聚变,使茶叶产生了变化,色、香、味都不如新茶好。

对于新茶与陈茶可从以下几方面进行鉴别:

(1)色泽

一般来说,新茶色泽光鲜润泽,而陈茶枯涩黯褐。这是由于茶叶在储存过程中,受空气中氧气和光的作用,使构成茶叶色泽的一些色素物质发生缓慢的自动

分解的结果。如绿茶经储存后,色泽由新茶时的青翠嫩绿逐渐变得枯灰黄绿,茶汤变得黄褐不清。红茶经储存后,由新茶时的乌润变成灰褐。

（2）滋味

总的来说,新茶滋味浓醇鲜爽,陈茶滋味淡薄。陈茶经氧化后,使可溶于水的有效成分减少,从而使茶叶滋味由醇厚变得淡薄,同时,鲜爽味减弱。

（3）香气

新茶香气清香,陈茶低浊。在储存过程中,香气物质由于氧化、缩合和缓慢挥发,使茶叶由清香变得低浊。

值得注意的是,并非所有的茶叶都是新茶比陈茶好。有的茶叶品种适当储存一段时间,品质反而显得更好些。例如西湖龙井、洞庭碧螺春、莫干黄芽、顾渚紫笋等,如果能在生石灰缸中储放 1～2 个月,新茶中的青草气会消散,清香感增加。又如盛产于福建的武夷岩茶,隔年陈茶反而香气馥郁、滋味醇厚;湖南的黑茶、湖北的茯砖茶、广西的六堡茶、云南的普洱茶等,只要存放得当,不仅不会变质,甚至能提高茶叶品质。因此,新茶与陈茶孰好,不能一概而论。

2）春茶、夏茶和秋茶

茶树新梢一年在春、夏、秋自然萌发 3 次,冬季休眠。故一年可以采茶 3 次,制成的茶叶也称春茶、夏茶、秋茶,以春茶为多,质量也最好。

春茶,是立春至立夏期间采摘加工的茶。春茶有"明前茶""雨前茶""春尾茶"之分。明前茶是指清明节以前生产的春茶,统称早春茶。"明前茶叶是个宝,芽叶细嫩多白毫",早春茶是一年中最好的茶叶。雨前茶即"谷雨"节以前采制的春茶,又叫"春中茶"。"谷雨"至"立夏"所采的茶叶,叫"春尾茶"。

夏茶,是立夏后至立秋前采摘加工的茶。

秋茶,是立秋后采摘加工的茶。

由于茶季不同,采制而成的茶叶,其外形和内质有很明显的差异。绿茶由于春季温度适中,加上茶树经头年秋冬季的休养生息,使得春梢芽叶肥壮,色泽翠绿,叶质柔软,幼嫩芽叶毫毛多;与品质相关的一些有效物质,特别是氨基酸及相应的全氮量和多种维生素富集,不但使绿茶滋味鲜爽,香气浓烈,而且保健作用也佳。因此,春茶,特别是早期春茶往往是一年中绿茶品质最好的。

夏季由于天气炎热,茶树新梢芽叶生长迅速,使得能溶解于茶汤的水浸出物含量相对减少,特别是氨基酸及全氮量的减少,使得茶汤滋味不及春茶鲜爽,香气不如春茶浓烈;相反,由于带苦涩味的花青素、咖啡碱、茶多酚含量比春茶高,不但使紫色芽叶增加,成茶色泽不一,而且滋味较为苦涩。但就红茶品质而言,由于夏茶茶多酚含量较多,对形成更多的红茶色素有利,因此由夏茶采制而成的

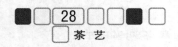

红茶、干茶和茶汤色泽显得更为红润,滋味也比较强烈。

秋季气候条件介于春夏之间,茶树经春、夏两季生长、采摘,新梢内含物质相对减少,叶张大小不一,叶底发脆,叶色泛黄,茶叶滋味、香气显得比较平和。

春茶、夏茶和秋茶的区分,主要从茶叶的品质特征方面入手。

(1)从茶叶的外形、色泽、香气上加以判断

凡红茶、绿茶条索紧结,珠茶颗粒圆紧;红茶色泽乌润,绿茶色泽绿润;茶叶肥壮重实,或有较多毫毛,且又香气馥郁的,属春茶。凡红茶、绿茶条索松散,珠茶颗粒松泡,红茶色泽红润,绿茶色泽灰暗或乌黑,茶叶轻飘宽大,嫩梗瘦长,香气略带粗老的,属夏茶。凡茶叶大小不一,叶张轻薄瘦小,绿茶色泽黄绿,红茶色泽暗红,且茶叶香气平和的,属秋茶。

另外,还可以结合偶尔夹杂在茶叶中的花、果来判断,如果发现有茶树幼果,且鲜果大小近似绿豆,那么,可以判断为春茶。若茶果大小如同佛珠一般,可以判断为夏茶。到秋茶时,茶树鲜果已差不多有桂圆大小了,一般不易混杂在茶叶中。但7—8月茶树花蕾已经形成,9月开始,又出现开花盛期,因此,凡茶叶中夹杂有花蕾、花朵的,属秋茶。

(2)通过闻香、尝味、看叶底来进一步做出判断

冲泡时,茶叶下沉较快,香气浓烈持久,滋味醇厚;绿茶汤色绿中透黄,红茶汤色红艳显金圈;茶底柔软厚实,正常芽叶多,叶张脉络细密,叶缘锯齿不明显者,为春茶。凡冲泡时,茶叶下沉较慢,香气欠高;绿茶滋味苦涩,汤色青绿,叶底中央有铜绿色芽叶;红茶滋味欠厚带涩,汤色红暗,叶底较红亮;不论红茶还是绿茶,叶底均显得薄而较硬,对夹叶较多,叶脉较粗,叶缘锯齿明显,为夏茶。凡香气不高,滋味淡薄,叶底夹有铜绿色芽叶,叶张大小不一,对夹叶多,叶缘锯齿明显的,属秋茶。

1.3.3 茶叶的储藏

茶叶在储存过程中由于空气中的氧气、湿度以及光照、温度的影响,其品质容易发生不良的变化。储存的要求就是尽量避免以上因素对茶叶的影响,保持茶叶的品质特征。

1)影响茶叶变质的环境条件

茶叶变质、陈化是茶叶中各种化学成分氧化、降解、转化的结果,而对它影响最大的环境条件主要是温度、水分、氧气、光线和它们之间的相互作用。

（1）温度

温度越高,茶叶中的化学反应速度越快。实验表明,温度每升高 10 ℃,茶叶色泽褐变的速度要增加 3～5 倍。如果茶叶在 10 ℃ 条件以下存放,可以较好地抑制茶叶褐变进程。而能在-20 ℃ 条件中冷冻储藏,则几乎能完全达到防止陈化变质。

（2）水分

当茶叶水分含量在 3% 左右时,茶叶成分与水分子几乎呈单层分子关系,因此,可以较好地把脂质与空气中的氧分子隔离开来,阻止脂质的氧化变质。但当含量超过这一水平后,水分就会起溶剂的作用。当茶叶中水分含量超过 6% 时,会使化学变化变得相当激烈,变质加速。主要表现之一是叶绿素会迅速降解,茶多酚自动氧化和酶促氧化,进一步聚合成高分子的进程大大加快,尤其是色泽变质的速度呈直线上升。

（3）氧气

氧几乎能与所有元素相化合,而使之成为氧化物。茶叶中儿茶素的自动氧化,维生素 C 的氧化,茶多酚残留酶催化的茶多酚氧化,以及茶黄素、茶红素的进一步氧化聚合,均与氧存在有关,脂类氧化产生陈味物质也有氧的直接参与和作用。

（4）光线

光的本质是一种能量。光线照射可以提高整个体系的能量水平,对茶叶储藏产生极为不利的影响,加速了各种化学反应。光能促进植物色素或脂质的氧化,特别是叶绿素易受光的照射而褪色,其中紫外线又显得更为明显。此外,光线还会增加茶叶中的陈味成分。

2）储存茶叶的方法

家庭选购的茶叶不论是小包装茶还是散装茶,买回后一般不是一次用完,尤其是散装茶应当立即重新包装、储藏。常用的储存方法有以下几种:

（1）冷藏保鲜法

将茶叶密封包装后放入冰箱、冰柜内,注意防止异味污染。

（2）陶罐储茶法

将茶叶用纸包好放入罐内,中间放块状石灰包、硅胶或其他干燥剂,起到去除湿气、保持干燥的作用。用棉花或厚软草纸垫于盖口,以减少空气交换。

（3）罐储法

采用铁听、箱或纸罐,最好是有双层盖子的,这样防潮性能更好,且储藏简单方便。为防止异味,可先将茶叶放入食品用塑料内袋中再装入罐中。

（4）普洱茶的储藏方法

与绝大多数茶叶的储藏都追求保鲜、以防止茶叶氧化的目的不同,普洱茶追求的是加速茶叶氧化。因此,保持储藏环境的通风透光、提供必要的温湿度、防止污染,是普洱茶保存的特殊要求。

就一般家庭来说,最好将普洱茶存放在通风的环境中,保持空气清新和对流,这有利于茶叶与空气中的氧气结合,发生非酶促自动氧化而加速陈化,防止霉变。

适当的光照能加速普洱茶的陈化。在避免阳光直接照射的条件下,光线能使叶绿素发生光敏氧化降解,使茶叶色泽显著褐变。光线和风的作用,使茶叶陈化加速,逐渐形成普洱茶汤色红浓、滋味甘醇、陈香独特的品质特点。

保持适当的温湿度,才能保证普洱茶的陈化。最好能将普洱茶含水量控制在 8% ~ 10%、储藏温度控制在 20 ~ 25 ℃。

防止污染,是保证普洱茶品质的重要条件。存放普洱茶的环境一定不能有任何污染。因此,家庭储藏普洱茶,应严格防止油烟、化妆品、药物、卫生球、香料物(如空气清新剂、灭蚊片)等常见气味的污染。有条件的家庭,最好能有专门的储藏室。

1.4　饮茶与健康

人们长期的饮茶实践证明,饮茶不仅能增进营养,而且能预防疾病。

1.4.1　茶叶中的有效成分

茶叶中的化学成分大体可分为营养成分和药效成分两大类。

1）营养成分

茶叶中的营养成分主要是维生素、氨基酸、矿物质等。

（1）维生素

茶叶中含有丰富的维生素 C,通常 100 g 茶叶中含有维生素 C 100 ~ 500 mg,比柠檬、菠萝、番茄、橘子等中的含量都高得多。人体每天需要的维生素 C 是 60 mg,即每天只要喝上 3 ~ 5 杯茶就可满足。维生素 C 对人体有多种功能,能防治坏血病,增强抵抗力,还有辅助抗癌和防治动脉硬化的功能。茶叶中还有丰富的 B 族维生素,如 B_1(硫胺酸)、B_2(核黄素)、B_3(烟酸)、B_5(泛酸)、B_7(生物素)、B$_{11}$(叶酸)、肌醇等。其中以 B$_2$ 最重要,缺乏它就会引起代谢的紊乱及口舌疾病。茶叶中还含有较多的维生素 P 类物质,即茶叶中大量存在的茶多酚,其含量为 20% ~30%,它能维持微血管的正常透性,增强韧性,对于防治人体血管硬化和高血压有着积极作用。这些维生素都可溶解于水中,茶叶冲泡 10 min 后,80% 的维生素即可浸出在茶汤中为人体所吸收。茶叶中还含有较高的维生素A,E,K。维生素 E 能促进人体生殖机能的正常发育,有防衰老的功效,维生素 K 有止血作用,但它们都不溶于水。

(2)氨基酸

茶叶中含有 2% ~4% 的多种氨基酸,细嫩的高级绿茶达 5% 左右。特别是茶氨酸为茶叶所特有,其他还有赖氨酸、胱氨酸、半胱氨酸、天冬氨酸、组氨酸、精氨酸等。它们对防止早衰、促进生长和智力发育、增强造血功能,都有重要作用。

(3)矿物质

茶叶中含有 4% ~7% 的无机物,多半能溶于热水而被人体利用。其中,钾占 50%,磷盐占 15%。其次是钙、镁、铁、锰、铝、锌、硼、硫、氟等,这些无机物对维持人体的体内平衡有重要意义,如钾是人体细胞内液的主要成分,人若因出汗过多引起人体细胞缺钾,会造成人体虚弱,饮茶就可以弥补;氟有保护牙齿、防治龋齿的作用;锰可以防止生殖机能紊乱和惊厥抽搐;锌可以促进儿童生长发育,并能防止心肌梗死;铁能增强造血功能,防止贫血。

此外,茶叶中含有 30% 的碳水化合物,但多数是不溶于水的多糖类,能溶于水的糖分只有 4% ~5%,所以茶叶属于低热量的饮料,适合于糖尿病等忌糖患者饮用。茶叶中还含有 2% ~3% 的类脂,数量虽少,但为人体所必需。

2)药用成分

茶叶中的药用成分主要是生物碱、茶多酚、脂多糖等。

(1)生物碱

茶叶中的生物碱以咖啡碱为主,含量为 2% ~4%,80% 以上能溶于热水,故易于被人体吸收。咖啡碱是中枢神经兴奋剂,故饮茶能提神益思,增强智力。它还有强心、弛缓支气管痉挛和冠状动脉、帮助消化的作用。此外,还有茶碱、可可碱等,它们和咖啡碱都有明显的利尿作用,可消除人体水肿。

(2)茶多酚

茶叶中含有 20% ~30% 的茶多酚,不仅含量高,而且大多数属于水溶性,冲泡时可以溶解于水,为人体所吸收。茶多酚组成物质多达 30 余种,大多具有药理作用,是其他食品和饮料无法比拟的。茶多酚的主要药效作用有:增强毛细血管,防止内出血;抑制动脉硬化,防治高血压和冠心病;抗菌杀菌,治疗痢疾、急性

肠胃炎和尿路感染等;使有害金属离子还原成无毒害离子,有解毒之功效;活血化瘀,促进纤维蛋白原的溶解,降低血脂,防止血栓形成,有减肥健美的作用。近年来的研究还表明,茶多酚具有明显的抗癌和抗辐射的效应。

(3)脂多糖

茶叶中含有3%的脂多糖。它具有增强人体非特异性免疫力、抗辐射、改善造血系统的功能,对防治由于辐射引起的白细胞降低具有良好的作用。故被誉为"原子时代的理想饮料"。

1.4.2 茶叶的保健功能及药效

茶叶之所以受到世人广泛的欢迎,首先是它对人类的身体健康最为有益。这一点,古人早有认识。所谓"神农尝百草,日遇七十二毒,得茶而解之"的传说,就说明早在原始社会时期,先民们已经认识到茶叶有解毒功能。随着科学技术的发展,人们对茶叶保健功能及药效的认识也在不断深化。茶叶保健功能及药效如表1.1所示。

表1.1 茶叶保健功能及药效

主要生理作用	预防的疾病及保健作用	主要有效成分
抗氧化	抗衰老、美容、预防癌症等	茶多酚、维生素 C、维生素 E、类胡萝卜素、硒
抗癌、抗突变	预防癌症	茶多酚、咖啡碱、茶氨酸、维生素 C、类胡萝卜素
降血压	预防高血压	茶多酚、丁-氨基丁酸、茶氨酸
降血糖	预防糖尿病	茶多酚、茶多糖
降血脂	预防动脉硬化	茶多酚、茶多糖
抗过敏、抗炎症	预防过敏引发的哮喘、皮肤瘙痒	茶多酚、咖啡碱、茶皂素
抗菌、抗病毒	预防蛀牙,预防流感,预防食物中毒,预防真菌性皮肤病	茶多酚、茶皂素
抑制脂肪吸收	预防肥胖	茶多酚、咖啡碱、茶氨酸、茶皂素、纤维素

续表

主要生理作用	预防的疾病及保健作用	主要有效成分
镇静作用	安神、治疗不眠症、改善经期综合征	茶氨酸、丁-氨基丁酸
兴奋作用	提神	咖啡碱
利尿作用	防治水肿,解毒	咖啡碱
提高免疫功能	预防感冒、抵抗疾病	维生素 C
促进肠道蠕动	预防便秘,预防肠癌,预防痔疮,解毒,美容	纤维素
形成氟磷灰质	使骨质坚硬、维持骨骼健康,防止蛀牙	氟
维持各组织、器官的健康	预防视觉、听觉的疾病,维持皮肤、指甲、毛发的正常生长;维持肌肉、神经的正常活动;维持人体的正常功能	各种维生素、各种矿物质、营养成分、蛋白质、脂肪

1.4.3　饮茶基本常识

1)根据个人爱好选茶

我国地域辽阔、民族众多,饮茶习俗各不相同,饮茶时应根据个人爱好来选择。一般来说,南方人偏爱绿茶,北方人偏爱花茶,东南沿海地区的人偏爱乌龙茶。为客人提供茶叶时,应主动询问,尊重客人的习惯爱好。

2)根据体质选茶

茶是保健饮料。喝茶有益于身体健康,但由于每个人体质不同,爱好不一,习惯有别,因此,每个人更适合喝哪种茶,应因人而异。一般说来,绿茶茶性寒凉,不适合手足易凉、体寒的人饮用,这些人以选择红茶为好,因为红茶茶性温和,有祛寒暖胃的功效。对于身体肥胖的人,饮去腻消脂功效显著的乌龙茶及云南普洱茶更为适合。

3)根据季节饮茶

清代宫廷有"夏喝龙井,冬饮普洱"一说。这说明饮茶与季节有一定的联

系。一般说来,春季以饮花茶为佳,可起到清心明目的作用。此外,春季绿茶品质较好,也适宜品饮绿茶。夏天,天气炎热,饮上一杯清莹碧翠的绿茶或是一盏沁人心脾的花茶,抑或滋味鲜爽甘醇的白茶,不仅可给人以清凉之感,还能收到降温消暑之效。秋天,天高气爽,适宜饮用茶性平和的乌龙茶。冬天天气寒冷,适宜饮用汤色红艳明亮的红茶或普洱茶,不仅给人温暖的感觉,还可以收到生热暖胃的功效。

1.4.4 饮茶禁忌

茶虽然是健康饮品,但喝茶过多,特别是大量饮用浓茶,对身体健康不但无益反而有害。下面是饮茶时应注意的几个问题:

1)忌空腹饮茶

空腹一般不宜过量饮茶,也不宜喝浓茶。尤其是平时不常喝茶的人空腹喝了过量、过浓的茶,往往会引起"茶醉"。"茶醉"的症状是:胃部不适、烦躁、心慌、头晕,直至站立不稳。一旦发生这种情况,只要停止饮茶,喝些糖水,吃些水果,即可得到缓解。

2)不能用茶水服用含铁剂、酶制剂药物

由于茶叶中的多酚类物质会与这些药物的有效成分发生化学反应,影响药效,因此,不能用茶水服用,诸如补血糖浆、蛋白酶、多酶片等。服用镇静、催眠类药物时,也不能用茶水服用。

3)忌饭前大量饮茶,饭后立即饮茶

这是因为饭前大量饮茶,一则会冲淡唾液,二则影响胃液分泌。这样,会使人饮食时感到无味,而且使食物的消化与吸收也受到影响。

饭后饮杯茶,有助于消食去脂,但不宜饭后立即饮茶。因为茶叶中含有较多的茶多酚,它与食物中的铁质、蛋白质等会发生凝固作用,从而影响人体对铁质和蛋白质的吸收,使身体受到影响。

4)忌饮冲泡时间过久、茶汤过浓的茶

有人为了图方便,使用大罐子泡茶,一次投茶量较多;还有人为保持茶汤的温度,使用保温杯泡茶。这样的茶冲泡时间过久,茶汤过浓,不仅会使茶汤浑浊,色香味较差,而且会使茶叶中的茶多酚、芳香物质、维生素、蛋白质等氧化变质变性,甚至成为有害物质。

5）儿童忌饮浓茶

茶叶中的氨基酸等营养成分对儿童成长发育有利,茶多酚有预防龋齿的作用,但咖啡碱有兴奋作用。因此,儿童宜饮较淡的茶汤或用茶汤漱口。

6）妇女"三期"忌饮浓茶

当妇女在孕期、哺乳期、经期时,适当饮些清淡的茶,是有益无害的。但"三期"期间,由于生理需要的不同,一般不宜多饮茶,尤其忌讳喝浓茶。

7）某些疾病患者须控制饮茶

①冠心病患者需酌情用茶。冠心病患者能否饮茶,须视患者的病情而定。冠心病有心动过速和心动过缓之分。茶叶中的生物碱,尤其是咖啡碱和茶碱,都有兴奋作用,能增强心肌的机能。因此,对心动过速的冠心病患者来说,宜少饮茶、饮淡茶、甚至不饮茶,以免因多喝茶或喝浓茶促使心跳过快。有早搏或心房纤颤的冠心病人,也不宜多喝茶、喝浓茶,否则会促使发病或加重病情。

但对心动过缓,或窦房传导阻滞的冠心病人来说,其心率通常在每分钟60次以内,应适当多喝些茶,甚至喝一些偏浓的茶。这不但无害,还可以提高心率,有配合药物治疗的作用。

所以,冠心病患者能否饮茶,要因病而异,不可一概而论。

②神经衰弱患者要节制饮茶。对神经衰弱患者来说,一要做到不饮浓茶,二要做到不在临睡前饮茶。这是因为患神经衰弱的人,其主要病症是晚上失眠,而茶叶中含量较高的咖啡碱的最明显作用,是刺激中枢神经,使精神处于兴奋状态。

③脾胃虚寒者不宜喝浓茶。总的说来,茶叶是一种清凉保健饮料,尤其是绿茶,因其性偏寒,对脾胃虚寒患者更是不利。同时饮茶过多、过浓,茶叶中含的茶多酚会对胃部产生强烈刺激,影响胃液的分泌,从而影响食物消化,进而产生食欲不振,或出现胃酸、胃痛等不适现象。因此,脾胃虚寒者,或患有胃和十二指肠溃疡的人,要尽量少饮茶,尤其不宜喝浓茶和饭前饮茶。这类患者,一般可在饭后喝杯淡茶。在茶类选择上,应以喝性温的红茶为好。

④贫血患者要慎饮茶。贫血患者能否饮茶,不能一概而论。如果是缺铁性贫血,那么,最好不饮茶。这是因为茶叶中的茶多酚很容易与食物中的铁发生化合反应,不利于人体对铁的吸收,从而加重病情的发展。缺铁性贫血患者服的药物,多数为含铁补剂,因此除应停止饮茶外,服药时也不能用茶水送服,以免影响药物的作用。

对其他贫血患者来说,因多数气血两虚,身体虚弱,而喝茶有消脂、瘦身的作

用,因此,也以少饮茶为宜,特别是要防止过量或过浓饮茶。

本章小结

　　本章介绍了茶叶基础知识。这些知识涉及面广,对初学者来说,有一定的难度。学习时可在掌握基础理论的前提下,结合本地实际,在生活实践中认茶识茶、品茶鉴茶,加深对茶叶相关知识的理解。

【知识链接】

古茶树

　　1. 巴达大茶树:属野生茶。在云南省勐海县巴达区大黑山原始森林中。主干高达 32.12 m,直径 1.21 m,树龄 1 700 余年。

　　2. 千家寨大茶树:属野生茶。在云南省镇沅县九甲乡千家寨。树高 25.6 m,树幅 22 m×20 m,基部干径 1.2 m,叶片平均大小为 14 cm×5.8 cm。树龄为 2 700 年。

　　3. 香竹箐大茶树:香竹箐古茶树茶种为滇缅茶,在云南省凤庆县香竹箐,树粗 5.82 m,树干直径 1.85 m,树型乔木,树姿开张,树幅 7 m×8 m,树龄为 3 200 年。

茶叶的二十四功效

　　①少睡;②安神;③明目;④清头目;⑤生津止渴;⑥清热;⑦消暑;⑧解毒;⑨消食;⑩醒酒;⑪去肥腻;⑫下气;⑬利水;⑭通便;⑮治瘘;⑯去痰;⑰祛风解表;⑱坚齿;⑲治心痛;⑳疗疮治瘘;㉑疗饥;㉒益气力;㉓延年益寿;㉔其他。

教学实践

　　1. 根据本章学习的茶叶知识,结合本地的茶树栽培情况,对茶树做实地考察,掌握茶树的形态特征。

　　2. 参观茶山、茶园等茶叶种植地和茶叶加工厂,了解茶叶采摘加工的过程,增加对茶叶的感性认识。

　　3. 参观茶叶市场,认识市场销售的各种茶叶,掌握茶叶分类知识。

练习

1. 为什么说茶叶起源于中国?

2. 茶树的叶具有哪些显著的形态特征?

3. 茶树的适生条件有哪几项? 温度、水分和土壤的指标是多少?

4. 茶叶采摘的标准采包括哪四类? 具体做法是什么? 这些采摘标准分别适宜哪类茶叶的采摘?

5. 我国的茶叶是如何划分的? 六大茶类的代表茶有哪些? 品质特征是什么?

6. 归纳六大茶类的初制工艺。

7. 茶叶审评的项目和因子分别是什么?

8. 影响茶叶陈化变质的环境条件有哪些?

9. 茶叶中的营养成分和药效成分有哪些? 茶叶对人体健康的主要功效是什么?

第 2 章
茶文化基础知识

【本章导读】

茶文化是中华民族优秀文化的重要组成部分。从古至今,茶与社会生活紧密结合,与各种风俗习惯、风土人情紧密结合,与各种宗教信仰紧密结合,深深地融入民族精神之中,使茶具有了灵性和文化特质。通过本章学习,学生可以了解茶与传统文化的关系,以及茶在现代生活中的重要地位;知晓各民族饮茶习俗;理解茶文化的含义,体会中国茶文化的精神。

【关键词汇】

茶文化 茶文化精神 饮茶习俗 茶与传统文化 茶与文学艺术

【问题导入】

在学习茶叶基本知识的基础上,本章要学习理解以下问题:

①茶与文化有什么关系;②什么是茶文化;③各民族有哪些饮茶习俗;④茶与传统文化有什么关系;⑤与茶有关的文学艺术作品有哪些。

2.1 茶文化概论

2.1.1 茶文化的含义及特征

1)茶文化的含义

中国的茶叶生产和饮用已经有几千年的历史,在利用茶叶的过程中,我们的祖先赋予了其文化的内涵,并以茶为载体来传播文化,使茶文化成为中华民族传统文化的组成部分。

茶文化内容十分丰富,涉及政治、经济、文化领域中的哲学、历史学、文献学、考古学、民族学、民俗学、植物学、文学、艺术等学科,包含茶叶知识、饮用知识、茶具知识、饮茶习俗、茶与宗教、茶与文学艺术等多方面知识。

那么,什么是茶文化呢? 概括来说,所谓茶文化就是人类社会所创造的一切与茶有关的物质财富和精神财富。具体地说,茶文化是人们在茶叶生产和消费过程中所形成的社会行为规范、价值观念和审美情趣。

2) 茶文化的主要特征

①历史性。茶文化是在长期的历史发展过程中形成的文化现象,历史非常悠久。早在周武王伐纣时,茶叶已作为"纳贡"珍品。西汉时期,有"武阳买茶"的记载。唐代,饮茶已成为一种比较普遍的生活习俗,陆羽《茶经》的出现成为茶文化正式形成的标志。宋朝,宋徽宗赵佶亲著《大观茶论》,倡导饮茶。明朝,冲泡散茶的瀹饮法逐步取代了唐宋烹点法。清代,六大茶类形成,茶叶对外贸易进一步发展。当代更是茶文化发展的繁盛时期。

②时代性。各个历史时期的茶文化都具有时代的特征,如唐代的烹煮法、宋代的点茶法、明代的瀹饮法,各具时代特征。随着我国政治经济的快速发展和世界经济一体化的深入,新时期茶文化传播方式呈大型化、现代化、社会化和国际化趋势。

③地域性。我国地域广阔,茶类花色繁多,饮茶习俗各异,加之各地历史、文化、生活及经济差异,形成各具地方特色的茶文化。如东南沿海地区的乌龙茶文化、江南的绿茶文化、北方的花茶文化。如今,在经济文化比较发达的城市也形成独具特色的都市茶文化。

④民族性。各民族在长期的生活实践中,将茶与民族文化生活相结合,形成具有民族特色的茶礼、茶俗。尤其是各民族长期以来形成的饮茶习俗,成为民族生活和民族文化的特征。

⑤国际性。中国茶文化是各国茶文化的摇篮。古老的中国传统茶文化同各国的历史、文化、经济及人文相结合,形成日本茶文化、韩国茶文化、英国茶文化、俄罗斯茶文化及摩洛哥茶文化等世界性的饮茶文化。

2.1.2 茶文化的社会功能

茶文化与人们社会生活的关系非常密切,传说故事中就有把茶作为民族祖先的"茶图腾"。唐代刘贞亮在《茶十德》中曾将饮茶的功德归纳为十项:"以茶散闷气,以茶驱腥气,以茶养生气,以茶除疠气,以茶利礼仁,以茶表敬意,以茶尝滋味,以茶养身体,以茶可雅志,以茶可行道。"茶文化发展至现代,茶的社会功能更加突出,主要表现在传承传统文化、展示文化魅力、促进社会文化和经济的

和谐发展等。从茶文化在构建社会文化方面的作用来看,其社会功能主要有3个方面:

①以茶雅志,陶冶个人情操。从文化的角度看,饮茶的过程不仅是一种简单的日常生活行为,而且是表现个人文化修养的载体。中国茶道提倡"廉、美、和、敬",即重视从个人的修身养性入手,通过茶事活动提高个人道德品质和文化修养。倡导廉洁自律、和美示人,反对见利忘义和唯利是图。

②以茶敬客,协调人际关系。中国茶文化注重协调人与人之间的相互关系,在冲泡茶叶、奉茶、谦让的行为礼仪过程中提倡对他人的尊敬,营造和谐相处的人际关系。学习茶文化并参与茶艺实践,可以放松身心,以应付人生的挑战。同时以茶会友,能增进感情,有利于形成相互尊重、和谐共处的社会风气。

③以茶行道,净化社会风气。社会在发展进步,文化也需要随时代发展进步。茶文化作为中华民族优秀传统文化的重要组成部分,在当代社会不仅没有落后于时代,而且包含了丰富的历史和现代思想精华,发挥了抵御社会不良风气的作用。改革开放后茶文化的传播表明,茶文化具有改变社会不正当消费活动、创建精神文明、促进社会进步的作用。

2.1.3 中国茶文化精神

中国茶文化的核心是茶道,茶道是集儒、释、道等传统文化精髓,以品茗来体现和、静、怡、真、礼、敬、廉、美等精神境界和追求的行为准则。其主要精神体现在以下几方面:

①体现自然之性。中国茶文化表现的是自然的本性,即道法自然,朴素简约,纯任心性,一切都自然而然。在茶艺修习中去私除妄,与道会真,求得审美享受和心灵的自由。

②体现中和之道。中国茶文化追求取法自然,以自然之茶、之水、之具,用合乎自然之道的方法冲泡品饮,人与茶,人与自然环境融为一体,致中致和,天人合一。通过"茶艺""茶德""茶礼",突出了人在与自然物的会合中修身养性,以便更好地去契合"天道",通过"茶理""茶情"强调对事物的相济兼容,以形成和乐境界。

③体现明伦之礼。伦理道德是人立足于社会的根本。奉茶为礼尊长者,备茶浓意表情谊。古有贡茶以事君,君有赐茶以敬臣;居家,子媳奉茶汤以事父母;夫唱妇随,为伉俪饮;兄以茶友弟,弟以茶恭兄;朋友往来,以茶联欢。今举茶为饮,合乎五伦十义,正是中国茶文化所体现的"茶中有礼"。

④体现清雅之美。清雅是中国茶文化所追求的意境美。在茶事活动中,茶人以诗画助茶,为的是添茶境之清雅;以茶辅琴棋书画,为的是添茶人的清兴;以茶讽世,为的是显茶人之清傲;以茶会友,为的是表平淡脱俗之情谊。

2.1.4 各民族饮茶习俗及文化内涵

1)中国饮茶风俗

"千里不同风,百里不同俗"。我国是一个多民族的国家,共有56个兄弟民族,由于所处地理环境和历史文化的不同,以及生活风俗的各异,使每个民族的饮茶风俗也各不相同。在生活中,即使是同一民族,在不同地域,饮茶习俗也各有千秋。不过,把饮茶看成健身的饮料、纯洁的化身、友谊的桥梁、团结的纽带,在这一点上又是共同的。下面,将介绍一些兄弟民族中有代表性的饮茶习俗。

(1)藏族酥油茶

藏族主要分布在我国西藏,在云南、四川、青海、甘肃等省的部分地区也有藏民居住。这里地势高亢,有"世界屋脊"之称,空气稀薄,气候高寒干旱,藏族以放牧或种旱地作物为生,当地蔬菜瓜果很少,常年以奶肉、糌粑为主食。"其腥肉之食,非茶不消;青稞之热,非茶不解"。茶成了当地人们补充营养的主要来源,喝酥油茶如同吃饭一样重要,如图2.1所示。

图2.1 藏族酥油茶

原料:普洱茶或金尖、酥油、食盐、鸡蛋、捣碎的核桃仁、花生米、芝麻粉、松子仁等。

程序:制作时,先将紧压茶打碎加水在壶中煎煮20～30 min,再滤去茶渣,把茶汤注入长圆形的打茶筒内。同时,再加入适量酥油(酥油,是把牛奶或羊奶煮沸,经搅拌冷却后凝结在溶液表面的一层脂肪)。然后根据需要加入事先已炒熟、捣碎的核桃仁、花生米、芝麻粉、松子仁之类,最后放上少量的食盐、鸡蛋等。

接着,用木杵在圆筒内上下抽打,当抽打时打茶筒内发出的声音由"咣当,咣当"转为"嚓,嚓"时,表明茶汤和佐料已混为一体,酥油茶才算打好了,随即将酥油茶倒入茶瓶待喝。

饮茶习俗:酥油茶是藏族群众祭神待客的礼仪物。敬神以酥油和茶为佳,待客则茶酒并重。待客时,全家排在门前,向来客敬一杯酒,献一条哈达,即是最高的礼节。而送别亲人时,则背着酥油茶送亲人到车站上车后,还要敬三次茶,喝完才能上路,取吉祥如意、一路平安、万事大吉之意。到藏族同胞家中做客,热情好客的主人会拿出家中最好的酥油茶,恭恭敬敬地捧到客人面前,客人不能轻易拒绝,至少要连喝3碗,以表示对主人的尊重。喝酥油茶的规矩,一般是边喝边添,每次不一定喝完,但客人的茶杯总要添满;假如你不想喝,就不要动茶杯,如果喝了一半,再也喝不下了,主人把杯里的茶添满后,你就那么摆着,告辞时再一饮而尽。这样,才符合藏族人民的习惯和礼貌。

(2)回族的刮碗子茶

回族主要分布在我国的大西北,以宁夏、青海、甘肃三省(区)最为集中。回族居住处多在高原沙漠,气候干旱寒冷,蔬菜缺乏,以食牛羊肉、奶制品为主。而茶叶中存在的大量维生素和多酚类物质,不但可以补充蔬菜的不足,而且还有助于去油除腻,帮助消化。因此,自古以来,茶一直是回族同胞的主要生活必需品。

回族饮茶,方式多样,其中有代表性的是喝刮碗子茶。刮碗子茶用的茶具,俗称"三件套",由茶碗、碗盖和碗托或盘组成。茶碗盛茶,碗盖保香,碗托防烫。喝茶时,一手提托,一手握盖,并用盖顺碗口由里向外刮几下,这样一则可拨去浮在茶汤表面的泡沫,二则使茶味与添加食物相融,刮碗子茶的名称也由此而生,如图2.2所示。

图2.2　回族刮碗子茶

原料:炒青绿茶、冰糖与多种干果。

程序:冲泡茶时,除茶碗中放茶外,还放有冰糖与多种干果,诸如苹果干、葡萄干、柿饼、桃干、红枣、桂圆干、枸杞子等,有的还要加上白菊花、芝麻之类,通常多达八种,故也有人美其名曰"八宝茶"。由于刮碗子茶中食品种类较多,加之各种配料在茶汤中的浸出速度不同,因此,每次续水后喝到的滋味是不一样的。一般说来,刮碗子茶用沸水冲泡,随即加盖,经5 min后开饮,第一泡以茶的滋味为主,主要是清香甘醇;第二泡因糖的作用,就有浓甜透香之感;第三泡各种干果的滋味溶于茶中,茶香果味相得益彰,妙不可言。回族同胞认为,喝刮碗子茶次次有味,且次次不同,又能去腻生津、滋补强身,是一种甜美的养生茶。

（3）蒙古族的咸奶茶

蒙古族主要居住在内蒙古及其相邻的一些省、区,喝咸奶茶是蒙古族人的传统饮茶习俗。在牧区,他们习惯于"一日三餐茶",每日清晨,主妇第一件事就是先煮一锅咸奶茶,供全家整天享用。蒙古族喜欢喝热茶,早上,他们一边喝茶,一边吃炒米。将剩余的茶放在微火上暖着,供随时取饮。通常,一家人只在晚上放牧回家才正式用餐一次,但早、中、晚三次喝咸奶茶一般是不可缺少的,如图2.3所示。

图2.3　蒙古族咸奶茶

原料:青砖茶或黑砖茶、奶、盐巴。

程序:制作时,应先把砖茶打碎,并将洗净的铁锅置于火上,盛水2~3 kg,烧水至刚沸腾时,加入打碎的砖茶25 g左右。当水再次沸腾5 min后,掺入奶,用量为水的1/5左右。稍加搅动,再加入适量盐巴。等到整锅咸奶茶开始沸腾时,才算煮好了,即可盛在碗中待饮。煮咸奶茶的技术性很强,茶汤滋味的好坏,营养成分的多少,与用茶、加水、掺奶以及加料次序的先后都有很大的关系。如茶叶放迟了,或者加茶和奶的次序颠倒了,茶味就会出不来。而煮茶时间过长,又会丧失茶香味。蒙古族同胞认为,只有器、茶、奶、盐、温五者互相协调,才能制成咸香适宜、美味可口的咸奶茶来。为此,蒙古族妇女都练就了一手煮咸奶茶的好手艺。大凡姑娘从懂事起,做母亲的就会悉心向女儿传授煮茶技艺。当姑娘出嫁时,在新婚燕尔之际,也得当着亲朋好友的面,显露一下煮茶的本领。否则,就会有缺少家教之嫌。

（4）侗族、瑶族的打油茶

居住在云南、贵州、湖南、广西以及毗邻地区的侗族、瑶族都喜欢喝油茶。凡在喜庆佳节,或亲朋贵客进门,总喜欢用做法讲究、佐料精选的油茶款待客人。

图2.4 打油茶

做油茶,当地称之为打油茶。如图2.4所示。打油茶一般经过4道程序:

首先是选茶。通常,有两种茶可供选用,一是经专门烘炒的末茶;二是刚从茶树上采下的幼嫩新梢,这可根据各人口味而定。

其次是选料。打油茶用料通常有花生米、玉米花、黄豆、芝麻、糯粑、笋干等,应预先制作好待用。

再次是煮茶。先生火,待锅底发热,放适量食油入锅;待油面冒青烟时,立即投入适量茶叶入锅翻炒;当茶叶发出清香时,加上少许芝麻、食盐,再炒几下,即放水加盖,煮沸3~5 min,即可将油茶连汤带料起锅盛碗待喝。一般家庭自喝,这又香、又爽、又鲜的油茶已算打好了。

如果打的油茶是作庆典或宴请用的,那么,还得进行第四道程序,即配茶。配茶就是将事先准备好的食料,先行炒熟,取出放入茶碗中备好,制成茶汤,捞出茶渣,趁热倒入备有食料的茶碗中供客人享用。

最后是奉茶,一般当主妇快要把油茶打好时,主人就会招待客人围桌入座。由于喝油茶时碗内加有许多食料,因此,还得用筷子相助。所以,说是喝油茶,还不如说是吃油茶更为贴切。吃油茶时,客人为了表示对主人热情好客的回敬,赞美油茶的鲜美可口,称道主人的手艺不凡,总是边喝、边啜、边嚼,在口中发出"啧、啧"声响,还赞不绝口。

(5)土家族的擂茶

在湘、鄂、渝、黔相邻的武陵山区一带,居住着许多土家族同胞,千百年来,他们世代相传,至今还保留着一种古老的吃茶法,这就是喝擂茶,如图2.5所示。

擂茶,又名三生汤,是用生叶(指从茶树采下的新鲜茶叶)、生姜和生米仁等3种生原料经混合研碎加水后烹煮而成的汤,故而得名。相传三国

图2.5 土家族的擂茶

时,张飞带兵进攻武陵壶头山(今湖南省常德境内),正值炎夏酷暑,当地正好瘟疫蔓延,张飞部下数百将士病倒,连张飞本人也不能幸免。正在危难之际,村中一位草医郎中有感于张飞部属纪律严明,秋毫无犯,便献出祖传除瘟秘方——擂茶,结果茶到病除。其实,茶能提神祛邪,清火明目;姜能理脾解表,去湿发汗;米仁能健脾润肺,和胃止火。所以,说擂茶是一帖治病良药,是有科学道理的。

随着时间的推移,如今制作擂茶时,通常除茶叶外,再配上炒熟的花生、芝麻、米花等;另外,还要加些生姜、食盐、胡椒粉之类放在特制的陶制擂钵内,然后用硬木擂棍用力旋转,使各种原料辗碎后相互混合,再取出一一倾入碗中,用沸水冲泡,用调匙轻轻搅动几下,即调成擂茶。

土家族视喝擂茶如同吃饭一样重要。如有亲朋进门,那么,在喝擂茶的同时,还必须设有几碟茶点:花生、薯片、瓜子、米花糖、炸鱼片之类,以增添喝擂茶的情趣。

（6）白族的三道茶

白族散居在我国西南地区,主要分布在风光秀丽的云南大理。这是一个好客的民族,大凡在逢年过节、生辰寿诞、男婚女嫁、拜师学艺等喜庆日子里,或是在亲朋宾客来访之际,都会以"一苦、二甜、三回味"的三道茶款待客人,如图2.6所示。制作三道茶时,每道茶的制作方法和所用原料都是不一样的。

图2.6　白族的三道茶

第一道茶,称为"清苦之茶",寓意做人的哲理:"要立业,就要先吃苦。"制作时,先将水烧开。再将一只小砂罐置于文火上烘烤。待罐烤热后,随即取适量茶叶放入罐内,并不停地转动砂罐,使茶叶受热均匀,待罐内茶叶"啪啪"作响,叶色转黄,发出焦糖香时,立即注入已经烧沸的开水。少顷,主人将沸腾的茶水倾入茶盅,再用双手举盅献给客人。由于这种茶经烘烤、煮沸而成,因此,看上去色如琥珀,闻起来焦香扑鼻,喝下去滋味苦涩,故而谓之苦茶。苦茶通常只有半杯,要一饮而尽。

第二道茶,称为"甜茶"。当客人喝完第一道茶后,主人重新用小砂罐置茶、烤茶、煮茶,与此同时,还得在茶盅中放入少许红糖,待煮好的茶汤倾入盅内八分满为止。这样沏成的茶,甜中带香,甚是好喝,它寓意"人生在世,做什么事,只有吃得了苦,才会有甜香来"。

第三道茶,称为"回味茶"。其煮茶方法虽然相同,只是茶盅中放的原料已换成适量蜂蜜、少许炒米花、若干粒花椒、一撮核桃仁,茶汤容量通常为六七分满。饮第三道茶时,一般是一边晃动茶盅,使茶汤和佐料均匀混合;一边口中"呼呼"作响,趁热饮下。这杯茶,喝起来甜、麻、苦、辣,各味俱全,回味无穷。它告诫人们,凡事要多"回味",切记"先苦后甜"的哲理。

（7）维吾尔族的香茶

维吾尔族主要居住在新疆天山以南,爱喝一种独特的香茶。他们认为,香茶有养胃提神的作用,是一种营养价值极高的饮料。

南疆维吾尔族煮香茶时,使用的是铜制的长颈茶壶,也有用陶质、搪瓷或铝制长颈壶的,而喝茶用的是小茶碗,这与北疆维吾尔族煮奶茶使用的茶具是不一样的。通常,制作香茶时,先将茯砖茶敲碎成小块状。同时,在长颈壶内加水七八分满加热,当水刚沸腾时,抓一把碎块砖茶放入壶中,当水再次沸腾约5min时,则将预先准备好的适量姜、桂皮、胡椒等细末香料,放进煮沸的茶水中轻轻搅拌,经3~5 min即成。为防止倒茶时茶渣、香料混入茶汤,在煮茶的长颈壶上往往套有一个过滤网,以免茶汤中带渣。

南疆维吾尔族老乡喝香茶,习惯于一日三次,与早、中、晚三餐同时进行,一边吃馕,一边喝茶,这种饮茶方式,是一种以茶代汤,用茶做菜之举。

(8)哈萨克族的奶茶

居住在新疆天山以北的哈萨克族,以从事畜牧业为主,他们最普遍的饮食是吃手抓羊肉,喝马奶子茶。他们的体会是"一日三餐有茶,提神清心,劳动有劲;三天无茶落肚,浑身乏力,懒得起床"。

哈萨克族煮奶茶使用的器具,通常用的是铝锅或铜壶,喝茶用大茶碗。煮奶茶时,先将茯砖茶打碎成小块状。同时,盛半锅或半壶水加热沸腾,随后抓一把碎砖茶入内,待煮沸5 min左右,加入牛(羊)奶,用量约为茶汤的1/5。轻轻搅动几下,使茶汤与奶混合,再投入适量盐巴,重新煮沸5~6 min即成。讲究的人家,也有不加盐巴而加食糖和核桃仁的。这样才算把一锅(壶)热乎乎、香喷喷、油嗞嗞的奶茶煮好了,便可随时饮用。

哈萨克族习惯于一日早、中、晚3次喝奶茶,中老年还得上午和下午各增加一次。如果有客从远方来,那么,主人就会立即迎客入帐,席地围坐。好客的女主人当即在地上铺一块洁净的白布,献上烤羊肉、馕(一种用小麦面烤制而成的饼)、奶油、蜂蜜、苹果等,再奉上一碗奶茶。如此,一边谈事叙谊,一边喝茶进食,饶有风趣。

喝奶茶对初饮者来说,会感到滋味苦涩而不大习惯,但只要在高寒,缺蔬菜,食奶肉的北疆住上十天半月,就会感到喝奶茶实在是一种补充营养和去腻消食不可缺少的饮料。

(9)苗族的八宝油茶汤

居住在鄂西、湘西、黔东北一带的苗族,以及部分土家族同胞,有喝油茶汤的习惯。他们说:"一日不喝油茶汤,满桌酒菜都不香。"倘有宾客进门,他们就用香脆可口、滋味无穷的八宝油茶汤款待。八宝油茶汤的制作比较复杂,先得将玉米(煮后晾干)、黄豆、花生米、豆腐干丁、粉条等分别用茶油炸好,分装入碗待用。

接着是炸茶,炸茶时要把握好火候,这是制作的关键技术。具体做法是:放适量茶油在锅中,待锅内的油冒出青烟时,放入适量茶叶和花椒翻炒;待茶叶色转黄发出焦糖香时,即可倾水入锅,再放上姜丝。一旦锅中水煮沸,再徐徐掺入少许冷水,等水再次煮沸时,加入适量食盐和少量大蒜、胡椒之类。用勺稍加拌动,随即将锅中茶汤连同佐料一一倾入盛有油炸食品的碗中,这样就算把八宝油茶汤制好了。

待客敬油茶汤时,大凡有主妇用双手托盘,盘中放上几碗八宝油茶汤,每碗放上一只调匙,彬彬有礼地敬奉客人。这种油茶汤,用料讲究,制作精细,鲜美无比,满嘴生香。它既解渴,又饱肚,还有特异风味,是我国饮茶技艺中的一朵奇葩。

(10)回族、苗族的罐罐茶

居住在我国西北,特别是甘肃一带的一些回族和西南地区的苗族、彝族同胞有喝罐罐茶的嗜好。每当走进农家,只见堂屋地上挖有一口火塘(坑),烧着木柴,或点燃炭火,上置一把水壶。清早起来,主妇就会先熬起罐罐茶。这种情况,尤以六盘山区一带的兄弟民族中最为常见。

喝罐罐茶,以喝清茶为主,少数也有用油炒或在茶中加花椒、核桃仁、食盐之类的。制作罐罐茶使用的茶具,通常一家人一壶(铜壶)、一罐(容量不大的土陶罐)、一杯(有柄的白瓷茶杯),也有一人一罐一杯的。熬煮时,通常是将罐子围放在火塘边上,倾上壶中的开水半罐,待罐内的水重新煮沸时,放上茶叶 8 ~ 10 g,使茶、水相融,茶汁充分浸出,再向罐内加水至八分满,直到茶叶又一次煮沸时,才算将罐罐茶煮好了,即可倾汤入杯开饮。也有些地方先将茶烘烤或油炒后再煮的,目的是增加焦香味;也有的地方,在煮茶过程中,加入核桃仁、花椒、食盐之类的。但不论何种罐罐茶,由于茶的用量大,煮的时间长,因此,茶的浓度很高,一般可重复煮 3 ~ 4 次。

罐罐茶的浓度高,喝起来有劲,会感到又苦又涩,不可能大口大口地喝下去。但对当地少数民族而言,因世代相传,也早已习惯成自然了。

喝罐罐茶还是当地迎宾接客不可缺少的礼俗,倘有亲朋进门,他们就会一同围坐火塘边,一边熬制罐罐茶,一边烘烤马铃薯、麦饼之类。当地的民族同胞认为,喝罐罐茶至少有四大好处:提精神、助消化、去病魔、保健康。

(11)瑶族、壮族的咸油茶

瑶族、壮族主要分布在广西,与之毗邻的湖南、广东、贵州、云南等山区也有分布。瑶族的饮茶风俗很奇特,都喜欢喝一种类似菜肴的咸油茶,认为喝油茶可

以充饥健身、祛邪去湿、开胃生津,还能预防感冒。如图 2.7 所示。

图 2.7 瑶族、壮族咸油茶

做咸油茶时,很注重原料的选配。主料茶叶,首选茶树上生长的健嫩新梢,采回后,经沸水烫一下,再沥干待用。配料常见的有大豆、花生米、糯粑、米花之类,制作讲究的还配有炸鸡块、爆虾子、炒猪肝等。另外,备有食油、盐、姜、葱或韭等佐料。制咸油茶,先将配料或炸、或炒、或煮,制备完毕,分装入碗。尔后起油锅,将茶叶放在油锅中翻炒,待茶色转黄,发出清香时,加入适量姜片和食盐,再翻动几下,随后加水煮沸 3 ~ 4 min,待茶叶汁水浸出后,捞出茶渣,再在茶汤中撒上少许葱花或韭段。稍时,即可将茶汤倾入已放有配料的茶碗中,并用调匙轻轻地搅动几下,这样才算将香中透鲜、咸里显爽的咸油茶做好了。

由于咸油茶加有许多配料,因此,与其说是一碗茶,还不如说它是一道菜。如此一来,有些深感自己制作手艺不高的家庭,每当贵宾进门时,还得另请村里的做咸油茶高手操作。又由于咸油茶是一种高规格的礼仪。因此,按当地风俗,客人喝咸油茶,一般不少于三碗,这叫"三碗不见外"。

(12)基诺族的凉拌茶和煮茶

基诺族主要分布在我国云南西双版纳地区,尤以景洪为最多。他们的饮茶方法常见的有两种,即凉拌茶和煮茶。如图 2.8 所示。

凉拌茶是一种较为原始的食茶方法,此法以现采的茶树鲜嫩新梢为主料,配以黄果叶、辣椒、食盐等佐料而成,一般可根据各人的爱好而定。做凉拌茶,通常先将从茶树上采下的鲜嫩新梢,用洁净的双手捧起,稍用力搓揉,使嫩梢揉碎,放入清洁的碗内;再将黄果叶揉碎,辣椒切碎,连同食盐适量投入碗中;最后,加上少许泉水,用筷子搅匀,静置 15 min 左右,即可食用。

另一种饮茶方式是喝煮茶,这种方法在基诺族中较为常见。其方法是先用茶壶将水煮沸,在陶罐中取出适量已经过加工的茶叶,投入到正在沸腾的茶壶

图2.8 基诺族凉拌茶和煮茶

内,经3 min左右,当茶叶的汁水已经溶解于水时,即可将壶中的茶汤注入到竹筒,供人饮用。竹筒,基诺族既用它当盛具,劳动时可盛茶带到田间饮用;又用它作饮具。因它一头平,便于摆放,另一头稍尖,便于用口吮茶。所以,就地取材的竹筒便成了基诺族喝煮茶的重要器具。

(13)傣族的竹筒香茶

竹筒香茶是傣族人们别具风味的一种茶饮料,如图2.9所示。傣族世代生活在我国云南的南部和西南部地区,以西双版纳和德宏最为集中,这是一个能歌善舞而又热情好客的民族。

图2.9 傣族竹筒香茶

傣族喝的竹筒香茶,其制作和烤煮方法,甚为奇特,一般可分为五道程序。

装茶:将采摘细嫩、经初加工而成的毛茶,放在生长期为一年左右的嫩香竹筒中,分层陆续装实。

烤茶:将装有茶叶的竹筒,放在火塘边烘烤,为使筒内茶叶受热均匀,通常每隔4~5 min 应翻滚竹筒一次。待竹筒色泽由绿转黄时,筒内茶叶也已达到烘烤适宜的程度,即可停止烘烤。

取茶:待茶叶烘烤完毕,用刀劈开竹筒,就成为清香扑鼻,形似长筒的竹筒香茶。

泡茶:分取适量竹筒香茶,置于碗中,用刚沸腾的开水冲泡,经3~5 min,即可饮用。

喝茶:竹筒香茶既有茶的醇厚高香,又有竹的清香。

(14)拉祜族的烤茶

拉祜族主要分布在云南澜沧、孟连、沧源、耿马、勐海一带。在拉祜语中,称虎为"拉",将肉烤香称之为"祜",因此,拉祜族被称为"猎虎的民族"。饮烤茶是拉祜族古老、传统的饮茶方法,至今仍很普遍,如图2.10所示。饮烤茶通常分为4个操作程序进行。

图2.10　拉祜族的烤茶

装茶抖烤:先将小陶罐在火塘上用文火烤热,然后放上适量茶叶抖烤,使受热均匀,待茶叶叶色转黄,并发出焦糖香时为止。

沏茶去沫:用沸水冲满盛茶的小陶罐,随即拨去上部浮沫,再注满沸水,煮沸3 min 后待饮。

倾茶敬客:就是将在罐内烤好的茶水倾入茶碗,奉茶敬客。

喝茶啜味:拉祜族兄弟认为,烤茶香气足、味道浓、能振精神,才是上等好茶。因此,拉祜族喝烤茶,总喜欢热茶啜饮。

(15)景颇族的腌茶

居住在云南省德宏地区的景颇族、德昂族等兄弟民族,至今仍保留着一种以茶做菜的食茶方法。

腌茶一般在雨季进行,所用的茶叶是不经加工的鲜叶。制作时,姑娘们首先将从茶树上采回的鲜叶用清水洗净,沥去鲜叶表面的附着水后待用,如图2.11所示。

图2.11　景颇族的腌茶

腌茶时,先用竹匾将鲜叶摊晾,失去少许水分,而后稍加搓揉,再加上辣椒、食盐适量拌匀,放入罐或竹筒内,层层用木棒舂紧,将罐(筒)口盖紧,或用竹叶塞紧。静置两三个月,至茶叶色泽开始转黄,就算将茶腌好。

腌好的茶从罐内取出晾干,然后装入瓦罐,随食随取。讲究一点的,食用时还可拌些香油,也有加蒜泥或其他佐料。

（16）哈尼族的土锅茶

哈尼族主要居住在云南的红河、西双版纳地区,以及江城、澜沧、墨江、元江等地,喝土锅茶是哈尼族的嗜好,这是一种古老而简便的饮茶方式,如图2.12所示。

哈尼族煮土锅茶的方法比较简单,一般凡有客人进门,主妇先用土锅(或瓦壶)将水烧开,随即在沸水中加入适量茶叶,待锅中茶水再次煮沸3 min后,将茶水倾入用竹制的茶盅内,一一敬奉给客人。平日,哈尼族同胞也总喜欢在劳动之余,一家人喝茶叙家常,以享天伦之乐。

图 2.12　哈尼族的土锅茶

（17）傈僳族油盐茶

傈僳族主要聚居在云南的怒江,散居于云南的丽江、大理、迪庆、楚雄、德宏,以及四川的西昌等地,这是一个质朴而又十分好客的民族,喝油盐茶是傈僳族同胞广为流传的一种古老饮茶方法,如图 2.13 所示。

图 2.13　傈僳族油盐茶

傈僳族喝的油盐茶,制作方法奇特,首先将小陶罐在火塘(坑)上烘热,然后在罐内放入适量茶叶在火塘上不断翻滚,使茶叶烘烤均匀。待茶叶变黄,并发出焦糖香时,加上少量食油和盐。稍后,再加水适量,煮沸 2 ~ 3 min,就可将罐中茶汤倾入碗中待喝。

油盐茶因在茶汤制作过程中加入了食油和盐,因此,喝起来"香喷喷,油嗞嗞,咸兮兮,既有茶的浓醇,又有糖的回味"。

（18）布朗族的青竹茶

布朗族主要分布在我国云南西双版纳自治州,以及云县、澜沧、双江、景东、镇康等地的部分山区。喝青竹茶是布朗族一种方便而又实用的饮茶方法,一般在离开村寨务农或进山狩猎时采用,如图 2.14 所示。

图 2.14　布朗族的青竹茶

布朗族喝的青竹茶,制作方法是首先砍一节碗口粗的鲜竹筒,一端削尖,插入地下,再向筒内加上泉水,当作煮茶器具。然后,找些干枝落叶,当作燃料点燃于竹筒四周。当筒内水煮沸时,随即加上适量茶叶,待 3 min 后,将煮好的茶汤倾入事先已削好的新竹罐内,便可饮用。竹筒茶将泉水的甘甜、青竹的清香、茶叶的浓醇融为一体,因此,喝起来别有风味,久久难忘。

(19)纳西族的"龙虎斗"和盐茶

纳西族主要居住在风景秀丽的云南省丽江地区,这是一个喜爱喝茶的民族。他们平日爱喝一种具有独特风味的"龙虎斗",此外,还喜欢喝盐茶。

纳西族喝的龙虎斗,制作方法也很奇特,首先用水壶将茶烧开。另选一只小陶罐,放上适量茶,连罐带茶烘烤。为免使茶叶烤焦,还要不断转动陶罐,使茶叶受热均匀。待茶叶发出焦香时,向罐内冲入开水,烧煮 3 ~ 5 min。同时,准备茶盅,再放上半盅白酒,然后将煮好的茶水冲进盛有白酒的茶盅内。这时,茶盅内会发出"啪啪"的响声,纳西族同胞将此看作吉祥的征兆。声音愈响,在场者就愈高兴。纳西族认为龙虎斗还是治感冒的良药,因此,提倡趁热喝下。如此喝茶,香高味酽,提神解渴,甚是过瘾。

纳西族喝的盐茶,其冲泡方法与龙虎斗相似,不同的是在预先准备好的茶盅内,放的不是白酒而是食盐。此外,也有不放食盐而改换食油或糖的,分别取名为油茶或糖茶。

(20)佤族的烧茶

佤族主要分布在我国云南的沧源、西盟等地,在澜沧、孟连、耿马、镇康等地也有部分居住。他们自称"阿佤""布饶",至今仍保留着一些古老的生活习惯,喝烧茶就是一种流传久远的饮茶风俗,如图 2.15 所示。

佤族的烧茶,冲泡方法很别致。通常,先用茶壶将水煮开。与此同时,另选

图2.15 佤族的烧茶

一块清洁的薄铁板,上放适量茶叶,移到烧水的火塘边烘烤。为使茶叶受热均匀,还得轻轻抖动铁板。待茶叶发出清香,叶色转黄时,随即将茶叶倾入开水壶中进行煮茶。约3 min后,即可将茶置入茶碗,以便饮喝。

如果烧茶是用来敬客的,通常得由佤族少女奉茶敬客,待客人接茶后,方可开始喝茶。

2)外国饮茶风俗

我国的茶传播到国外后,成为"世界三大饮料"之一,在不同国家形成了不同的饮茶风俗。

(1)日本饮茶风俗

中日两国一衣带水,随着中国佛教文化的传播,茶文化也同时传到了日本。饮茶很快成了日本的风尚。日本茶道即是通过饮茶的方式,对人们进行礼法教育和道德修养的一种仪式。日本茶道有20多个流派,代代相传,沿袭至今。现代日本茶道一般在面积不大、清雅别致的茶室里进行。室内有珍贵古玩、名家书画。茶室中间放着供烧水的陶炭(风)炉、茶锅(釜)。炉前排列着专供茶道用的各种沏茶、品茶用具。日本茶道的规矩比较讲究,友人到达时,主人在门口恭候。待宾客坐定,先奉上点心,供客人品尝。然后在炭炉上烧水,将茶放入青瓷碗中。水沸后,由主持人按规程沏水泡茶,依次递给宾客品饮。品茶时要吸气,并发出吱吱的声音,表示对主人茶品的赞赏。当喝尽茶汤后,可用大拇指和洁净的纸擦干茶碗,仔细欣赏茶具,且边看边赞"好茶"以表敬意。仪式结束后,客人鞠躬告辞,主人跪坐门侧相送。整个过程,都洋溢着"和、敬、清、寂"的精神。

(2)亚洲其他国家的茶文化

东南亚如马来西亚、新加坡等国家受汉文化影响较深,习惯冲泡清饮乌龙、普洱、花茶。韩国因受中国文化影响,兴起"茶礼"习俗。

泰国、缅甸和云南地区相似,习惯吃"腌茶",将生茶腌制成酸味制品,吃时拌入食盐、生姜、花生之类,干嚼佐餐。

南亚的印度、巴基斯坦、孟加拉国、斯里兰卡等国家习惯饮甜味红茶,或甜味红奶茶。印度的茶叶出口和饮茶总量在世界上名列前茅,普遍喜欢浓味的加糖红茶。巴基斯坦一般以茶、奶、糖按1∶4∶3的比例冲泡调饮,喜味浓的红茶。

西亚地区的土耳其人,不论大人、小孩都喜欢红茶,不加奶,加糖,味道甜甜的,又称为"甜茶"。它最大的特色是讲究盛茶的器皿,一只形状似窄腰阔肚花瓶的玻璃小杯子,通常用一只小铜碟子盛载,旁边放上三粒方糖,别具一格。

伊朗和伊拉克人更是餐餐不离浓味红茶,用沸水冲泡,再在茶汤中添加糖、奶或柠檬共饮。

（3）欧洲各国的饮茶文化

英国饮茶之风始于 17 世纪中期，先由皇室倡导，后普及城乡，成为英国的社交风俗。英国人有喝下午茶的习俗，喜欢饮滋味浓郁的红茶，并在茶中添加牛奶和糖，佐之三明治类的小点心。上流社会的人还设置家庭茶室，收集陈设名贵茶具，讲求传统身份和闲情逸致的饮茶风度，以显示英国气派。

爱尔兰人饮茶之风更甚，为欧洲首位，喜欢味浓的红碎茶。

荷兰是西欧最早饮茶的国家。茶汤放糖，多饮红茶和香味茶。

（4）美洲国家的茶文化

美国的饮茶习俗与众不同，主要以红茶或速溶茶冲泡，放入冰箱冷却后，饮时杯中加入冰块、方糖、柠檬，或蜂蜜、甜果酒调饮，甜而酸香，开胃爽口。

加拿大人多为英式热饮高档红茶，也有冰茶。

（5）非洲国家的茶文化

非洲的多数国家气候干燥、炎热，居民多信奉伊斯兰教，不饮酒而饮茶，饮茶已成为日常生活的主要内容。无论是亲朋相聚，还是婚丧嫁娶，乃至宗教活动，均以茶待客。这些国家多爱饮绿茶，并习惯在茶里放上新鲜的薄荷叶和白糖后饮用。

当今世界各国、各民族的饮茶风俗，都因本民族的传统、地域民情和生活方式的不同而各有所异，然而"客来敬茶"却是古今中外的共同礼俗。

2.1.5 现代饮茶习俗

纵观饮茶风俗的演变，尽管千姿百态，但是若以茶与佐料、饮茶环境等为基点，则当今饮茶习俗主要可区分为 3 种类型：

（1）讲究清雅怡和的饮茶习俗

茶叶冲以煮沸的水，顺乎自然，清饮雅尝，寻求茶之原味，重在意境，与我国古老的"清净"传统思想相吻合，这是茶的清饮特点。我国江南的绿茶、北方的花茶、西南的普洱茶、闽粤一带的乌龙茶以及日本的蒸青茶均属此列。

（2）讲求兼有佐料风味的饮茶习俗

其特点是烹茶时添加各种佐料。如边陲的酥油茶、盐巴茶、奶茶以及侗族的打油茶、土家族的擂茶，又如欧美的牛乳红茶、柠檬红茶、多味茶、香料茶等，均兼有佐料的特殊风味。

（3）讲求多种享受的饮茶风俗

即指饮茶者除品茶外，还备以茶点，伴以歌舞、音乐、书画、戏曲等。如北京

的"老舍茶馆"。

此外,由于生活节奏的加快,出现了茶的现代变体:速溶茶、冰茶、液体茶以及各类袋泡茶,充分体现了现代文化务实之精髓。这也是茶的发展趋势之一。

2.2 茶与传统文化

2.2.1 茶与传统文化的关系

一般认为,中华民族的传统文化主要是由"儒、释、道"文化构成,它们相互影响并构成了中国文化的基本框架。早期茶文化融入了道家的观念;到汉代,儒家的观念逐渐成为重心,其规范、约束受到重视;而到唐代,佛教思想已深入人们的生活,茶文化也已结合了佛家思想成为普遍生活文化形态。因此,传统茶文化融合了儒、释、道三家思想观念,其具体表现为:

①中国茶艺既能表现儒家的含蓄美、端庄美、儒雅美,又能表现佛教的空灵美、清寂美、禅机美,也能表现道家的自然美、幽玄美、旷达美。

②中国茶道的基本精神"和、静、怡、真"就是吸收了三教文化的精华,充满了智慧的哲学思辨,沉积了厚重的道德伦理与人文追求。

③以茶重礼,礼中有茶,是中国传统文化的体现。如云南白族的"三道茶"就为人传扬,韵味无穷,远胜过点头和鞠躬。以茶示礼的方式也很多,有茶宴、以茶定亲等,最为普遍的是"客来敬茶"。

2.2.2 茶与儒学

儒家学说的基本精神是中庸之道,反映了人对和谐、平衡及友好精神的认识与追求。它要求我们不偏不倚地看待世界,这正是茶的本性,儒家把"中庸"和"仁礼"思想引入中国茶道,主张在饮茶中沟通思想,创造和谐气氛,增进彼此的友情。饮茶可以更多地审己、自省,清清醒醒地认识自己,看待别人。各自内省的结果,是加强理解、促进和谐、增进友谊。在儒家眼里和是中,和是度,和是宜,和是当,和是一切恰到好处,无过亦无不及。儒家对和的诠释,在茶事活动中表现得淋漓尽致。在泡茶时,表现为"酸甜苦涩调太和,掌握迟速量适中"的中庸之美;在待客时,表现为"奉茶为礼尊长者,备茶浓意表浓情"的明礼之伦;在饮茶过程中,表现为"饮罢佳茗方知深,赞叹此乃草中英"的谦和之礼。在品茗的环境与心境方面,表现为"普事故雅去虚华,宁静致远隐沉毅"的俭德之行。此外,儒家还主张茶品与人品和谐统一,达到"天人合一"的最高境界。

2.2.3　茶与佛教

茶与佛教,"因缘"深长。自古就有"茶禅一味"的说法,它是指茶味之中包含着禅理,而禅的境界与精神实质,又充满着茶味。禅讲求清净、修心,茶与禅形成一体,饮茶成为平静、和谐、专心、敬意、清明、整洁,至高宁静的心灵境界。饮茶即是禅的一部分,或者可以说,茶是简单的禅,生活的禅。从哲学观点看,禅宗强调自身领悟,"不立文字,教外别传,直指人心,见性成佛",即所谓"明心见性",主张所谓有即无,无即有,重视在日常生活中修行,教人心胸豁达。而茶能使人心静、不乱、不烦、有乐趣,但又有节制,佛教提倡坐禅,饮茶可以提神醒脑,驱除睡魔,有利于清心修行,与禅宗变通佛教清规相适应。所以,僧人们不只饮茶止睡,而且通过饮茶意境的创造,把禅的哲学精神同茶结合起来。茶文化实际上构成了中国佛教文化生活不可缺少的部分。僧侣们以茶供佛,以茶待客,以茶馈人,以茶宴代酒宴。于是,逐渐形成了一整套庄严肃穆的茶礼,尤其是佛教节日,或重要的法会都要举行较大型的茶宴。唐朝有的寺院还可以为仕宦各界迎亲送友设置佛门礼仪的茶宴。宋代在敕建的寺院,遇到朝廷赐钦袈、锡杖、法器时都要举行隆重庆典,且往往用盛大的茶礼以示庆贺。日本茶道即是以禅宗义理为灵魂,倡导"和、清、静、寂"的茶道精神。

2.2.4　茶与道教

道教是中国汉民族的本土宗教。道教主张内省,崇尚自然,清心寡欲,无为而又无所不为的理念。道教修炼主要在于修心,修心在于主静,而茶是使人清净的媒介和助手。道教还认为饮茶最能养心,养心即可实现人与自然美合二为一,进入"无我"意境,从而就能长生不老,延年益寿。道教也有"不杀生、不偷盗、不邪淫、不妄语、不饮酒"的戒律,而茶之清爽、性俭、提神益思、中正平和、超然空灵,有利于信道者修炼达到"收心离境,静则生慧"的目的。因此,宫观道士以茶作为祈祷、祭献、斋戒以及"驱鬼捉妖"的祭品,并十分流行以茶飨客。

2.2.5　茶与现代生活

现代生活的概念不仅仅是生活设施的现代化,更重要的是人本身素质的现代化,这其中就包括道德素质、文化素质以及身体素质等,而茶既具有丰富的茶文化内涵,又具有现代生活中防治疾病并强身健体的现实意义。因此,集文化、保健于一体的茶必然会成为人们现代生活中的良友。

（1）茶的广泛利用

从古至今,人们对茶的利用大致在以下 4 个方面:

①以茶作为饮品。作为饮料仍然将是茶的最基本和最常用功用,但是在饮茶方法上会有发展。在现代生活中,散茶冲泡法的不足是速度较慢,需要专用器具,还需要在饮后处理茶渣。目前,开始流行的速溶茶、茶饮料等饮用方式正是新兴茶饮法的开端。速溶茶采用了咖啡的冲饮方式,比冲饮茶叶要方便一些。而茶饮料则更方便,开瓶即饮。

②以茶作为食品。科学技术的发展使人们越来越深入地认识到茶叶的营养价值,促进了对茶叶的开发利用。其中,茶食是一个有前途的开发方向。茶食就是指含有茶叶的食品,这种食品既有主食也有副食和零食,如含有茶的米饭、面包、面条、菜肴、点心、饼干、瓜子、果冻等。有些茶食是早就有的,有些则是新创造的。与作为饮料的用茶方法不同的是,作为食品用茶,是将茶叶（鲜叶或茶粉）吃下去了,使人体能够充分地摄取茶叶中的有效成分。

③以茶作为药品。茶叶的药用价值在古代医书中就有记载,在日常生活中也有很多用茶作药的单方、验方。现在,人们采用现代的技术手段可以将茶叶中的药用成分提炼出来,发挥其作用。例如从茶叶中提炼出来的茶多酚被广泛应用于食品、药品甚至化妆品行业。

④茶叶的其他用途。随着科学技术的发展,茶叶产量不断地增加,对茶叶的利用也随之发展。例如制造调味品、除湿剂、除味剂、防氧化剂等。

（2）茶文化的继承发展

①茶艺馆蓬勃兴起。茶艺馆是人们品茗、休闲、交友、娱乐的场所。随着1991 年福建第一家茶艺馆的开设,茶艺馆的风格呈现出多样化的特征,如仿古式茶艺馆、园林式茶艺馆、室内庭院式茶艺馆、民俗式茶艺馆、戏曲茶楼等。

②茶艺交流活动日趋频繁。以品茶为主的茶文化活动更贴近群众,成为群众文化的重要组成部分,也为茶文化注入了新的活力。

③茶文化学术活动及社团进一步成熟。近 10 年来,我国开展了形式多样的

茶文化学术讨论,成立了"中国国际茶文化研究会""中华茶人联谊会""中国茶叶流通协会"等,这些活动深化了茶文化内涵,拓展了茶文化的功能。

2.3 茶与文学艺术

中国茶文化博大精深,涵盖了文学艺术等艺术形态的大多数领域,是中华文明中积淀深厚、千古流芳的精神文化遗产和智慧结晶。茶因为本身所蕴含的文化内涵,为历代文人所青睐,除了在诗词中有大量表现外,在辞赋、散文、小说和绘画中也屡见不鲜。千百年来,我们的祖先为后代留下的茶诗、茶词、茶联,不下数千首。中国历代咏茶诗词具有数量丰富、题材广泛和体裁多样的特征,是中国文学宝库中的一枝奇葩。

2.3.1 茶与诗歌

早期的文化常以酒助兴。从屈原的"奠桂酒兮椒浆"到曹操的"对酒当歌,人生几何"均为酒诗。两晋社会多动乱,文人愤世嫉俗,但又无以匡扶,常高谈阔论,于是出现清谈家。早期清谈家如刘伶、阮籍大多为酒徒。酒徒的诗常常是天下地上,玄想连篇,与现实却无关碍。恰恰在这时,茶加入了文人之列。茶,也从此走上诗坛。

(1)晋代茶诗

西晋左思的《娇女诗》也许是中国最早的茶诗了,"止为茶荈据,吹嘘对鼎立",写的是左思的两个小女儿吹嘘对鼎,烹茶自喝的妙趣。题材虽不重大,却充满了生活气息,不是酒人的癫狂与呻吟;而是从娇女饮茶中透出对生活的热爱,透出一派活泼的生机。与左思此诗差不多年代的还有两首咏茶诗:一首是张载的《登成都白菟楼》,用"芳茶冠六清,溢味播九区"的诗句,称赞所喝到的茶;一首是孙楚的《出歌》,用"姜桂茶荈出巴蜀,椒橘木兰出高山"等诗句,点明了茶的原产地。这些茶诗既反映了诗人们对茶的喜爱,也反映出茶叶在人们文化生活中的地位。

(2)唐代茶诗

唐代饮茶之风日盛,文学上涌现了大批以茶为题材的诗篇。唐代诗人广结茶缘还是在陆羽、皎然等身体力行倡导饮茶之后。陆羽在其所著的《茶经》一书中创造了一套完整的茶叶烹煮及品饮技艺,皎然把饮茶的精神享受总结为茶道思想,颜真卿组织了文人茶会,皇甫曾、皇甫冉、刘长卿、刘禹锡等通过诗歌进一步渲染了茶艺、茶道精神。把茶文化大量移入诗坛,使茶、酒在诗坛中并驾齐驱的是白居易,白居易一生写了大量的茶诗。到中唐时期,正是从酒居上峰到茶占鳌头的一个转折点。唐末,茶在文人中便占了优势。茶天然冲淡的真滋味,使人在宁静平和、舒适愉悦之中萌动蓬勃的生机、强烈的挚爱。茶诗化了生活,人们从中得到美的享受和人生的感悟。如李白的《答族侄曾中孚赠玉泉仙人掌茶》,"茗生此中石,玉泉流不歇";杜甫的《重过何氏五首之三》,"落日平台上,春风啜茗时";白居易的《夜闻贾常州、崔湖州茶山境会亭欢宴》,"遥闻境会茶山夜,珠翠歌钟俱绕身";卢仝的《走笔谢孟谏议寄新茶》,"唯觉两腋习习清风生"等,有的赞美茶的功效,有的以茶寄托诗人的感遇,广为后人传颂。

白居易的《夜闻贾常州、崔湖州茶山境会亭欢宴》诗,形象而确切地记述了在紫笋茶采制季节,湖、常两郡分山造茶,欢庆于境会亭中的场面,也记述了两家同名紫笋而互相斗异争妙的激烈竞争情景,诗中还对自己卧病不能参加这次盛大的茶宴而感到十分遗憾。诗云:

"遥闻境会茶山夜,珠翠歌钟俱绕身。

盘下中分两洲界,灯前合作一家春。

青娥递舞应争妙,紫笋齐尝各斗新。

自叹花时北窗下,蒲黄酒对病眠人。"

在唐代的咏茶诗中,最能切入茶叶欣赏范畴的应该是一些煎茶、饮茶诗,许多茶诗的作者,能从一杯茶中生发出许许多多味外之味,使饮茶日益走向具有审美个性的艺术境界。

皎然的《九日与陆处士羽饮茶》诗只有四句:

"九日山僧院,东篱菊也黄。

俗人多泛酒,谁解助茶香?"

按习俗,农历九月初九即重阳节时要登高,并饮菊花酒,但是,就在这一天,皎然和陆羽以茶代酒,而且以菊花为茶香之助,饮茶后还自负地发问"谁解助茶香?"这也是较早的提到饮茶与饮酒有雅俗之分的一首诗。

皎然的《饮茶歌·诮崔石使君》一诗首次提出了"茶道"一词,可谓以茶悟道的佳作:

"越人遗我剡溪茗,采得金芽爨金鼎。

素瓷雪色飘沫香,何似诸仙琼蕊浆。

一饮涤昏寐,情来朗爽满天地。

再饮清我神,忽如飞雨洒轻尘。

三饮便得道,何须苦心破烦恼。

此物清高世莫知,世人饮酒多自欺。

愁看毕卓瓮间夜,笑向陶潜篱下时。

崔侯啜之意不已,狂歌一曲惊人耳。

孰知茶道全尔真,惟有丹丘得如此。"

此诗重要的贡献是首次准确而深刻地揭示了饮茶的3个层次:涤寐、清神、悟道。并且最早提出"茶道"概念,在茶文化史上具有重要意义。

在唐诗中,有一首名为《喜园中茶生》的五律诗,作者是韦应物。从诗的内容看,绝对是一首颇有言外之意的品茶佳作:

"洁性不可污,为饮涤尘烦。

此物信灵味,本自出山原。

聊因理郡余,率而植荒园。

喜随众草长,得与幽人言。"

在作者的笔下,茶的好洁之性格和气质十分鲜明,虽为不经意的栽植,仍然保持着"山原"的本色,与其周围的春草共生长。并不因为自身的高洁而鄙视"众草",在清高的同时,还保留着坦然的生活态度。

在茶的品饮诗中,卢仝的《走笔谢孟谏议寄新茶》一诗,其生命力极为强大,千年之后仍广为世人吟诵,并且对后世的饮茶诗创作产生了深远的影响,所谓的"七碗"之吟,被视为道尽茶的神奇功效:

"一碗喉吻润,二碗破孤闷,

三碗搜枯肠,唯有文字五千卷。

四碗发轻汗,平生不平事,尽向毛孔散。

五碗肌骨轻,六碗通仙灵。

七碗吃不得也,唯觉两腋习习清风生。

蓬莱山,在何处?玉川子乘此清风欲归去!"

卢仝,自号玉川子,范阳人。年轻时家境贫寒,刻苦读书而不愿为官,隐居少室山。卢仝嗜茶,他一生中写过许多诗,故诗文中也反映出这种特别的爱好。《走笔谢孟谏议寄新茶》是其代表作,后人称之为"七碗茶歌"。

(3)宋代茶诗

宋人茶诗较唐代还要多,有人统计可达千首。由于宋代朝廷提倡饮茶,贡茶、斗茶之风大兴,朝野上下,茶事更多。同时,宋代又是理学家统治思想界的时期。理学在儒家思想的发展中是一个重要阶段,强调对于人自身的思想修养和内省;而要自我修养,茶是再好不过的伴侣。宋代各种社会矛盾加剧,知识分子经常十分苦恼,但他们又总是注意克制感情,磨砺自己。这使许多文人常以茶为伴,以茶会友,相互唱和,以及触景生情、抒怀寄兴的内容,以便经常保持清醒。所以,文人儒者往往都把以茶入诗看作高雅之事,这便造就了茶诗、茶词的繁荣。像苏轼、陆游、黄庭坚、徐弦、王禹偁、林逋、范仲淹、欧阳修、王安石、梅尧臣、苏辙等,均是既爱饮茶,又好写茶的诗人。最有代表性的作品是欧阳修的《双井茶》:

"西江水清江石老,石上生茶如凤爪。

穷腊不寒春气早,双井茅生先百草。

白毛囊以红碧纱,十斤茶养一两芽。

长安富贵五侯家,一啜尤须三日夸。"

苏轼的《次韵曹辅寄壑源试焙新茶》诗中"从来佳茗似佳人"和他另一首诗《饮湖上初晴后雨》中"欲把西湖比西子"两句构成了一副绝妙的对联。范仲淹的《斗茶歌》、蔡襄的《北苑茶》更为后世文人墨客称道。

(4)元、明、清茶诗

元代,由于饮茶之风从文人雅士吹到民间,加之文人生活降到底层,因此,元代诗人不仅以诗表达个人情感,也注意到民间饮茶风尚。明代虽然有一些皓首穷茶的隐士,但大多数人饮茶是忙里偷闲,既超乎现实,又基于现实。因此,明代茶诗反映这方面的内容比较突出。明人饮茶强调茶中凝万象,从茶中体味大自然的好处,体会人与宇宙万物的交融。清代朝廷茶事很多,但大多数是歌功颂德的俗品。但也有一些人写出了饱含感情的好茶诗。如卓尔堪的《大明寺泉烹开夷茶浇诗人雪帆墓》是一篇以茶为祭的典型诗章,犹如一篇祭文,但把茶的个性、诗人与茶的关系刻画得惟妙惟肖。又如郑板桥的"竹枝词",以民歌形式描述了茶中蕴含的爱情:

"溢江江口是奴家,郎若闲时来吃茶。

黄土筑墙茅盖屋,门前一树紫荆花。"

诗中好像呈现出一幅真实的画图:茅屋、江水、土墙、紫荆,一个美丽的少女倚门相望,频频叮咛,用"请吃茶"来表达心中的恋情,一片美好纯真的心意。特别值得提出的是乾隆皇帝,他六下江南,曾五次为杭州西湖龙井茶做诗,其中最为后人传诵的是《观采茶作歌》,皇帝写茶诗,这在中国茶叶文化史上是少见的。

(5)当代茶诗

当代也不乏茶诗佳作。而且,由于时代发生了天翻地覆的变化,茶诗的内容和思想也大不同于历代偏于清冷、闲适的气氛。新时代的茶诗,更突出了茶的豪放、热烈的一面,突出了积极参与、和谐万众的优良茶文化传统。如郭沫若的《赞高桥银针》,陈毅的《梅家坞即兴》,以及赵朴初、爱新觉罗.溥杰的作品等,都是值得一读的好茶诗。如著名的宗教界人士赵朴初有诗云：

"七碗受至味，一壶得真趣。

空持百千偈，不如吃茶去。"

诗中使用与茶有关的历史典故，妥帖恰当，暗含禅机，充分表现了禅茶一味的哲理。

在我国数以千计的茶诗、茶词中，各种诗词体裁一应俱全，有五古；有五律、七律、排律；有五绝、六绝、七绝；还有不少在诗海中所见甚少的体裁，在茶诗中同样可以找到。

①寓言诗。采用寓言形式写诗，读来引人联想，发人深省。下面这首茶寓言诗，记载在一本清代的笔记小说上，写的是茶、酒、水的"对阵"，诗一开头，由茶对酒发话："战退睡魔功不少，助战吟兴更堪夸。亡国败家皆因酒，待客如何只饮茶？"酒针锋相对答曰："摇台紫府荐琼浆，息讼和亲意味长。祭礼筵席先用我，可曾说着谈黄汤。"这里说的黄汤，实则贬指茶水。水听了茶与酒的对话，插嘴道："汲井烹茶归石鼎，引泉酿酒注银瓶。两家切莫争闲气，无我调和总不成！"

②宝塔诗。唐代诗人元稹，官居同中书门下平章事，与白居易交好，常常以诗唱和，所以人称"元白"。元稹有一首宝塔诗，题名《一字至七字诗　茶》，此种体裁，不但在茶诗中颇为少见，就是在其他诗中也是不可多得的。诗曰：

> 茶，
>
> 香叶，嫩芽，
>
> 慕诗客，爱僧家，
>
> 碾雕白玉，罗织红纱，
>
> 铫煎黄蕊色，碗转曲尘花，
>
> 夜后邀陪明月，晨前命对朝霞，
>
> 洗尽古今人不倦，将至醉后岂堪夸。

宝塔诗是一种杂体诗，原称一字至七字诗。从一字句到七字句，或两句为一韵。后又增至十字句或十五字句，每句或每两句字数依次递增一个字。元稹的这首宝塔茶诗，先后表达了三层意思：一是从茶的本性说到了人们对茶的喜爱；二是从茶的煎煮说到了人们的饮茶习惯；三是就茶的功用说到了茶能提神醒酒。

③回文诗。回文诗中的字句回环往复，读之都成篇章，而且意义相同。北宋文学家、书画家苏轼，是唐宋八大家之一，他一生写过茶诗几十首，而用回文写茶诗，也算是苏轼的一绝。

酡颜玉碗捧纤纤，乱点余花睡碧衫。

歌咽水云凝静院,梦惊松雪落空岩。

空花落尽酒倾缸,日上山融雪涨江。

红焙浅瓯新火活,龙团小碾斗晴窗。

诗中字句,顺读倒读,都成篇章,且意义相同。苏轼用回文诗咏茶,在数以千计的茶诗中,实属罕见。

④联句诗。联句是旧时作诗的一种方式,几个人共作一首诗,但需意思连贯,相连成章。在唐代茶诗中有一首题为《五言月夜啜茗联句》,是由六位作者共同完成的。他们是颜真卿、陆士修、张荐、李萼、崔万、皎然。其诗曰:

泛花邀坐客,代饮引情言(陆士修)。

醒酒宜华席,留僧想独园(张荐)。

不须攀月桂,何假树庭萱(李萼)。

御史秋风劲,尚书北斗尊(崔万)。

流华净肌骨,疏瀹涤心原(颜真卿)。

不似春醪醉,何辞绿菽繁(皎然)。

素瓷传静夜,芳气满闲轩(陆士修)。

这首啜茗联句,由六人共作,其中陆士修作首尾两句,这样总共七句。作者为了别出心裁,用了许多与缀茶有关的代名词。如陆士修用"代饮"比喻以饮茶代饮酒;张荐用的"华宴"借指茶宴;颜真卿用"流华"借指饮茶。因为诗中说的是月夜啜茗,所以还用了"月桂"这个词。用联句来咏茶,这在茶诗中也是少见的。

2.3.2 茶联与茶谚

(1)茶联

茶联是以茶为题材的对联,是茶文化的一种文学艺术兼书法形式的载体。我国各地茶馆、茶楼、茶园、茶亭的门庭或石柱上,往往有这样的对联、匾额。茶叶店的对联如:"瑞草抽芽分雀舌,名花采蕊结龙团。"雀舌、龙团都是名茶。茶馆的对联如:"茶香高山云雾质,水甜幽泉霜雪魂。"称颂所用茶、水俱佳。茶联美化了环境,增强了文化气息,可以促进品茗情趣。常见的茶额有"陆羽遗风""茗家世珍""茶苑""香萃堂"等。现代的茶艺馆也每每以茶联显示文化品位。

我国都市茶楼或茶馆中,都有令人玩味无穷的茶联。茶联中最妙趣横生的,要数妙手天成的回文茶联了。某地一茶馆,其茶联云"趣言能适意,茶品可清心",回过来则为"心清可品茶,意适能言趣"。仔细品读,意境非凡,令人回味无

穷,为茶联中的佼佼者。茶联常悬于茶室或茶店,一般着力宣扬茶功、茶效,以
"广而告之"、招徕顾客。如"香茶分上露,水汲石中泉","尘虑一时净,清风两腋
生","泉香好解相如渴,火候闲评东坡诗","松涛烹雪醒诗梦,竹院浮烟荡俗
尘","九曲夷山采雀舌,一溪活水煮龙团"。在这里,大多以静、雅为主,没有"人
生得意须尽欢"的醉态,却有"每临大事有静气"的持重。在我国,凡是有以茶联
谊的场所,诸如茶馆、茶楼、茶亭、茶座等的门庭或石柱上,茶道、茶礼、茶艺表演
的厅堂内,往往可以看到以茶为题材的楹联、对联和匾额,这既美化了环境,增强
文化气息,又促进了品茗情趣。

北京万和楼茶社有一副对联:

"茶亦醉人何必酒,书能香我无须花。"

上海一壶春茶楼的对联则是:

"最宜茶梦同圆,海上壶天容小隐;

休得酒家借问,座中春色亦常留。"

清代乾隆年间,广东梅县叶新莲曾为茶酒店写过这样一副对联:

"为人忙,为己忙,忙里偷闲,吃杯茶去;

谋食苦,谋衣苦,苦中取乐,拿壶酒来。"

联语通俗易懂,辛酸中有谐趣。

相传,清代广州著名茶楼陶陶居,"陶陶"两字征联,一人应征写了一联:

"陶潜善饮,易牙善烹,饮烹有度;

陶侃惜分,夏禹惜寸,分寸无遗。"

将东晋名人陶潜、陶侃嵌入联中,"陶陶"二字嵌得自然得体。

重庆嘉陵江茶楼一联,更是立意新颖,构思精巧:

"楼外是五百里嘉陵,非道子一笔画不出;

胸中有几千年历史,凭卢仝七碗茶引来。"

上海天然居茶楼一联,更是匠心独具,顺念倒念都成联,为广大客人所喜爱。
联云:

"客上天然居,居然天上客;

人来交易所,所易交来人。"

我国许多旅游胜地,也常常以茶联吸引游客。如五岳衡山望岳门外有一
茶联:

"红透夕阳,如趁余辉停马足;

茶烹活水,须从前路汲龙泉。"

清代郑燮题焦山自然庵的茶联:

"汲来江水烹新茗,买尽青山当画屏。"

仅仅 14 个字,就勾勒出焦山的自然风光,使人有吟一联而览焦山风光之感。

成都望江楼有一联,为清代何绍基书写,真把一个望江楼写活了。联云:

"花笺茗碗香千载,云影波光活一楼。"

四川青城山天师洞有一联:

"扫来竹叶烹茶叶,劈碎松根煮菜根。"

下面这一副赞美名茶的对联,为名茶扬名更是别出心裁,不似广告却胜似广告:

"水汲龙脑液,茶烹雀舌春。"

这副出自明代童汉臣的茶联,一直流传至今。

而"扬子江中水,蒙山顶上茶"。仅仅 10 个字,就把品质优异的中泠泉水和蒙山茶一起道出。

欣赏一副副妙趣无穷的茶联,就像喝一杯龙井香茶那样甘醇,耐人寻味,它使你的生活无形中多了几分诗意和文化的色彩,它能充实你的生活,使你增添无限的情趣。

"竹无俗韵,茗有奇香。"人们常说竹解心虚,茶性清淡,竹被视为刚直谦恭的君子。同样诗人们也说"茶有君子性",茶总是和精行俭德之人相伴。正因如此,茶竹结缘。

"竹雨松风琴韵,茶烟梧月书声。"

此联为清代名士溥山所题。作者是画家,也是诗人。此联恰是一幅素描风景名画,潇潇竹雨,阵阵松风,在这样的环境中调琴煮茗,读书赏月,的确是无限风光的雅事。将此联与任何一幅山川煮茗图相配都是不俗的。

"秋夜凉风夏时雨,石上清泉竹里茶。"

秋夜凉风,夏时阵雨,其清爽,其舒逸,有何能比? 松涛环绕,竹林婆娑,唯此境隔竹支灶,听风声水声,始可与夏雨秋风相配。

"竹荫遮几琴易韵,茶烟透窗魂生香。"

园中置几案,抚瑶琴,隔窗有侍童烹茶,茶烟透窗,为墨增香。竹生水畔,荷香暗动,月上中天,影落荷池,其情其景让人顿生隔世之感。

"融通三教儒释道,汇聚一壶色味香。"这副对联是当代书画家王梓梧书赠丁以寿的,对联中无"茶"字,但茶又无处不在,很好地表现了茶与儒释道的不解之缘。

茶联的出现,至迟应在宋代。但目前有记载的,而且数量又比较多的,乃是在清代,尤以郑燮为最。清代的郑燮能诗、善画,又懂茶趣,善品茗,他在一生中

曾写过许多茶联,诸如:

　　"墨兰数枝宣德纸,苦茗一杯成化窑。"

　　"雷文古泉八九个,日铸新茶三两瓯。"

　　"山光扑面因潮雨,江水回头为晚潮。"

　　"从来名士能评水,自古高僧爱斗茶。"

　　"楚尾吴头,一片青山入座;淮南江北,半潭秋水烹茶。"

古今茶联层出不穷,细读品味,确有很高的欣赏价值,下列茶联就是如此:

　　"松涛烹雪醒诗梦,竹院浮烟荡俗尘。"

　　"尘滤一时净,清风两腋生。"

　　"采向雨前,烹宜竹里;经翻陆羽,歌记卢仝。"

　　"龙井泉多奇味,武夷茶发异香。"

　　"雀舌未经三月雨,龙芽新占一枝春。"

　　"陆羽谱经卢仝解渴,武夷选品顾渚分香。"

　　"素雅为佳松竹绿,幽淡最奇芝兰香。"

　　"幽借山巅云雾质,香凭崖畔芝兰魂。"

　　"翠叶烟腾冰碗碧,绿芽光照玉瓯青。"

　　"泉从石出情宜冽,茶自峰生味更圆。"

　　"诗写梅花月,茶煎谷雨春。"

　　"一杯春露暂留客,两腋清风几欲仙。"

　　"小天地,大场事,让我一席;

　　论英雄,谈古今,喝它几杯。"

　　"独携天上小团月,来试人间第二泉。"

　　"四大皆空,坐片刻无分尔我;

　　两头是路,吃一盏各自东西。"

　　"从哪里来,忙碌碌带身尘土;

　　到这厢去,闲坐坐喝碗香茶。"

　　"玉碗光含仙掌露,金芽香带玉溪云。"

　　"花间渴想相如露,竹下闲参陆羽经。"

　　"细品清香趣更清,屡尝浓酽情愈浓。"

　　"熏心只觉浓如酒,入口方知气胜兰。"

　　"客至心常热,人走茶不凉。"

　　"清泉烹雀舌,活水煮龙团。"

　　"玉盏霞生液,金瓯雪泛花。"

"竹雨松风蕉叶影,茶烟琴韵读书声。"

"为善读书是安乐法,种竹植茶是明妙心。"

"一帘春影云拖地,半夜茶声月在天。"

"石鼎煎香俗物尽洗,松涛烹雪诗梦初灵。"

"新安人杰地灵,传古阁牌坊,一曲徽腔成绝响;
黄山物华天宝,献屯绿祁红,三杯猴魁余雅兴。"

"聆妙曲,品佳茗,金盘盛甘露,缥缈人间仙境;
观古俗,赏绝艺,瑶琴奏流水,悠游世外桃源。"

"山好好,水好好,开门一笑无烦恼;
来匆匆,去匆匆,饮茶几杯各西东。"

"小住为佳,且吃了赵州茶去;
曰归可缓,试同歌陌上花来。"

"山静无音水自喻,茗因有泉味更香。"

"青山似欲留人住,香茗何妨为客尝。"

"世间重担实难挑,菱角凹中,也好息肩聊坐凳;
天下长途不易走,梅花岭上,何妨歇脚品斟茶。"

"煮沸三江水,同饮五岳茶。"

"虽无扬子江中水,却有蒙山顶上茶。"

"拣茶为款同心友,筑室因藏善本书。"

"三楚远来肩且息,六安前去味先尝。"

"天下几人闲,问杯茗待谁,消磨半日?
洞中一佛大,有池荷招我,来证三生!"

"品泉茶三口白水,竹仙寺两个山人。"

"来为利,去为名,百年岁月无多,到此且留片刻;
西有湖,东有畈,八里程途尚远,劝君更尽一杯。"

"斗酒恣欢,方向骚人正妙述;
杯茶泛碧,庵前过客暂停车。"

"随手烹茗化白鹤,绿地垂柳钓青钱。"

"兰芽雀舌今之贵,凤饼龙团古所珍。"

"龙团雀舌香自幽谷,鼎彝玉盏灿若烟霞。"

"看水浒想喝大碗酒,读红楼举杯思品茶。"

"处处通途,何去何从?求两餐,分清邪正;
头头是道,谁宾谁主?吃一碗,各自西东。"

"忙什么,吃我这雀舌茶百文一碗;

走哪里,听他摆龙门阵再饮三盏。"

"扫雪应凭陶学士,辨泉犹待陆仙人。"

"攀桂天高亿八百孤寒到此莫忘修士苦,煎茶地胜看五千文字个中谁是谪仙才。"

"欲把西湖比西子,从来佳茗似佳人。"

"美酒千杯难成知己,清茶一盏也能醉人。"

"茗外风清移月影,壶边夜静听松涛。"

"为名忙,为利忙,忙里偷闲,且喝一杯茶去;

劳心苦,劳力苦,苦中作乐,再倒一杯酒来。"

"龙井云雾毛尖瓜片碧螺春,银针毛峰猴魁甘露紫笋茶。"

"剪取吴淞半江水,且尽卢仝七碗茶。"

"四方来客,坐片刻无分你我;

两头是路,吃一盏各自东西。"

"禅榻常闲,看袅袅茶烟随落花风去;

远帆无数,有盈盈轨水从罨画溪来。"

"半壁山房待明月,一盏清茗酬知音。"

"半榻梦刚回,活火初煎新涧水;

一帘春欲暮,茶烟细扬落花风。"

茶联还有一些小故事。有一副茶联,出自抗战时期重庆某茶馆。联文为:

"空袭无常贵客茶资先付,官方有令国防秘密休谈。"

寥寥数语,平淡无奇,感伤时局,却见真情,隐刺官家,令人啼笑不得,荡荡民心,尽在言外。几十年前,在西安莲湖公园上出现一个"奇园茶社",门上贴着一副对联:

"奇乎? 不奇,不奇亦奇!

园耶? 是园,是园非园!"

上下联第一字把"奇园"二字分别嵌入,别致有味,然而当时人们只知是一副趣联,却不了解其中的真意。直到后来,报纸披露该茶社原是西安地下党的一个秘密交通站,人们才明白"不奇亦奇,是园非园"的奥秘。

绍兴驻跸岭茶亭曾挂过这样一副对联:

"一掬甘泉好把清凉洗热客,两头岭路须将危险告行人。"

联中措辞含蓄,寓意深刻,既表达甘泉佳茗给路人带来一丝清香,又道出人生旅途的几分艰险。茶联发展到了今天,更层出新意,寓以新的内容。比如:

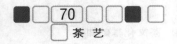

"喜报捷音一壶春暖,畅谈国事两腋生风。"

"春满山中采得新芽供客饮,茶销海外赢来蜚誉耀神州。"

(2)谚语

谚语是流传在民间的口头文学形式,它不是一般的传言,而是通过一两句歌谣式的朗朗上口的概括性语言,总结劳动者的生产劳动经验和他们对生产、社会的认识。晋人孙楚《出歌》说:"姜桂茶荈出巴蜀,椒橘木兰出高山。"这是关于茶的产地的谚语。唐代也有记载饮茶茶谚的著作。唐人苏廙《十六汤品》中载"谚曰:'茶瓶用瓦,如乘折脚骏登山。'"在元曲的剧作里还有"早晨开门七件事:柴米油盐酱醋茶"的谚语,这里讲茶在人们日常生活中的重要性。茶谚中多为生产谚语。早在明代就有一条关于茶树管理的重要谚语,叫作"七月锄金,八月锄银"。意思是说,给茶树锄草最好的时间是七月,其次是八月。广西农谚说:"茶山年年铲,松枝年年砍。"浙江有谚语:"若要茶,伏里耙。"湖北也有类似谚语:"秋冬茶园挖得深,胜于拿锄挖黄金。"关于采茶,湖南谚曰:"清明发芽,谷雨采茶。"或说:"吃好茶,雨前嫩尖采谷芽。"湖北又有一种说法:"谷雨前,嫌太早,后三天,刚刚好,再过三天变成草。"茶谚,反映出不同地区、不同品种在茶山生产管理上的差异。

2.3.3 茶与小说

唐代以前,由于茶只是供帝王贵族享受的奢侈品,加之科学尚不发达,因此在小说中茶事往往在神话志怪传奇故事里出现,例如东晋干宝《搜神记》中的神异故事"夏侯恺死后饮茶"。一般认为,成书于西晋以后、隋代以前的《神异记》中的神话故事"虞洪获大茗",南朝宋刘敬叔《异苑》中的鬼异故事"陈务妻好饮茶茗",还有《文陵耆老传》中的神话故事"老姥卖茶",这些都开了小说记叙茶事的先河。唐宋时期,有关记叙茶事的著作很多,但其中多为茶叶专著或茶诗茶词;不过,《唐书》、封演的《封氏闻见记》以及宋代祝穆等著的《事文类聚》也有关于茶事的描绘。明清时代,记述茶事的多为话本小说和章回小说。在我国著名的古典小说中,如《三国演义》《水浒传》《西游记》《红楼梦》《聊斋志异》《三言二拍》《老残游记》等,无一例外地都有茶事的描写。清代的蒲松龄,大热天在村口铺上一张芦席,放上茶壶和茶碗,以茶会友,以茶换故事,终于写成了《聊斋志异》。在书中众多的故事情节里,又多次提及茶事。在刘鹗的《老残游记》中,有专门写茶事的"申子平桃花山品茶"一节。在施耐庵的《水浒传》中,则写了王婆开茶坊和喝大碗茶的情景。在众多的小说中,描写茶事最细腻、最生动的莫过于

《红楼梦》,《红楼梦》全书一百二十回,谈及茶事的就有近三百处。

2.3.4 茶与绘画

中国茶画的出现大约在盛唐时期。陆羽作《茶经》,已经设计有茶图,但从其内容看,还是表现烹制过程,以便使人对茶有更多了解,从某种意义上,类似于当今新食品的宣传画。唐人阎立本所作《萧翼赚兰亭图》(见图2.16),是世界最早的茶画。画中描绘了儒士与僧人共品香茗的场面。张萱所绘《文会图》(见图2.17)是一幅宫廷帝王饮茶的图画。唐代佚名作品《宫乐图》(见图2.18),是描绘宫廷妇女集体饮茶的大场面。唐代是茶画的开拓时期,对烹茶、饮茶具体细节与场面的描绘比较具体、细腻,不过所反映的精神内涵尚不够深刻。

图 2.16 萧翼赚兰亭图

图 2.17 文会图

图 2.18 宫乐图

五代至宋,茶画内容十分丰富。有反映宫廷、士大夫大型茶宴的,有描绘士人书斋饮茶的,有表现民间斗茶、饮茶的。这些茶画作者,大多是名家大手笔,所以在艺术手法上也更提高了一步,其中不乏茶画的思想内涵,而对茶艺的具体技巧不过多追求。元、明以后,中国封建社会文化可以说发展到了成熟的阶段。所以,这一时期的茶画的内涵也更加深邃,注重与自然契合,反映社会各阶层的茶饮生活状况。

清代茶画侧重杯壶与场景,而不去描绘烹调细节,常以茶画反映社会生活。特别是康、乾鼎盛时期的茶画,以和谐、欢快为主要内容。

2.3.5 茶的传说

中国产茶历史悠久,名茶众多,因而以茶为题材的传说也大量涌现,内容十分丰富。在关于茶的传说里,或讲其来历,或讲其特色,或讲其命名,同时又与各种各样的人物、故事、古迹和自然风光交织在一起,将利用茶的功效编织成情节奇特的故事,无不令人历境生情;也有歌颂和纪念茶祖、茶神的;有的则以批判社会现象、颂扬真善美为主题,大多具有地方特色和乡土感情。下面列举几个茶的传说。

(1)神农尝百草

有一天,神农在采集奇花野草时,尝到一种野草,使他口干舌麻、头晕目眩,于是他放下草药袋,背靠一棵大树斜躺休息。一阵风吹过,似乎闻到一种清鲜香气,但不知道这清香从何而来。抬头一看,只见树上有几片叶子冉冉落下,这叶子绿油油的,心中好奇,遂信手拾起一片放入口中慢慢咀嚼,感到味虽苦涩,但有清香回甘之味,索性嚼而食之。食后,更觉得气味清香,舌底生津,精神振奋,且头晕目眩减轻,口干舌麻渐渐消失,好生奇怪。于是,再拾几片叶子细看,其叶形、叶脉、叶缘均与一般树木不同,因而又采了些芽叶、花果而归。以后,神农将这种树定名为"茶",这就是茶的最早发现。此后,茶树逐渐被发现,被人们用作药物,供作祭品,当作菜食和饮料。

（2）大红袍的传说

武夷山的茶树多长在岩缝间,故称为岩茶,如水仙、肉桂、大红袍等都属于武夷岩茶中的珍贵品种。其中"大红袍"被誉为"茶中之王"。据说,这大红袍的得名还有一个美丽的传说:古时候有位秀才上京赶考,途经武夷山时突然病倒。恰巧被武夷山的老方丈遇到,便把秀才扶到庙里,给他喝了一碗热茶,时间不长,病就好了。后来,这位秀才中了状元,回乡省亲时顺便到武夷山庙里拜谢了老方丈。状元问老方丈是用什么秘方很快治好了他的疾病? 老方丈带着他到九龙窠,指着峭壁上的三棵茶树说:"就是这三棵茶树的茶叶,可以治疗百病。"状元听了,要求采集一些带到京城。状元回京后不久,听说皇上患了腹泻症,一连两天不上早朝,连御医都治不好。他就献茶给皇上,结果是茶到病除。皇上非常高兴,就把一件大红袍交给状元,让他作为钦差到武夷山封赏。状元到了武夷山,命老方丈派一人爬上峭壁,将大红袍披在三棵茶树上。结果三棵茶树在阳光下闪出红光。大家都认为这是大红袍给染红的,从此就把这种茶称作"大红袍"了。

（3）太平猴魁的传说

太平猴魁是一种稀有茶品,产于安徽省太平县的猴坑一带。它之所以称作太平猴魁茶,是有三层含义的:一是产地在太平县;二是意示神猴栽种的;三是它的茶品超群,乃为茶的魁首。太平县境内的黄山出产茶叶,这里不仅有享誉海内外的黄山毛峰茶,还到处都生长着野茶树。传说很久以前,在黄山的狮子峰上有两只白猴。它们是母子俩,相依为命。可是小白猴活泼不守本分,经常不顾母猴的阻拦,到处游逛。这只小猴的胆子越来越大,它游逛的地方也越来越远。有一天它游逛时,被沿途的风光所吸引,不知不觉来到了老人峰。这时,黄山忽然被大雾笼罩,它辨不清东南西北,迷失了方向,再也无法回到母亲的身边。再说,老母猴发现小白猴不见了,到天黑时还没有回来,它就呼喊着漫山遍野地寻找。它找呀找呀,找遍了狮子峰附近的每座山,都不见小白猴的踪影。当它来到老人峰的一座山坑时,就再也走不动了。在老人峰的这个山坑里,住着一位在黄山采集药材的老汉。他是太平县汤口人,为上山采药方便,每当采药的季节就在山坑里搭个窝棚,住在这里。这天早起,他一推开窝棚门,发现一只奄奄一息的老白猴倒在门外。心地善良的老汉就拿来泉水给老猴喝,老猴由于体力透支得很厉害,没有喝上几口水就死去了。老汉将老猴埋在山坑附近的山冈上,算是为老猴送了终。老汉在夜里忽然做了个奇怪的梦,他梦见死去的老猴给他托梦说:"明年的春天在你埋葬我的地方会长出一片茶树,你好好经营着,就不用再登山采药了。"老汉对这个梦有些半信半疑,心想等到明年春天看个究竟吧!结果到了第二年春天,在老汉埋葬老猴的地方真的长出了一片茶树。老汉这次意识到那只老猴是个神猴,是托梦报恩给他这片茶树的。老汉从此不再采药,专门经营这片茶树。几年间,茶树逐渐蔓延扩展。整个山坡都长出了油绿油绿的茶树。老汉每年采摘茶叶,运到山下炒制,年年都卖出好价钱。在买茶交易时,茶商就根据茶的产地、神猴托梦和茶的品味,取名为太平猴魁。

(4)龙井茶的传说

龙井茶产于浙江杭州龙井村一带,以狮峰出产的龙井品质最佳,称作"狮峰龙井"。龙井茶在我国有着悠久的历史。据北宋苏轼考证,杭州种茶的历史源自南朝诗人谢灵运。他在西湖的下天竺一带翻译佛经时,从天台山带来茶树种子,在西湖开始种植、栽培。唐代茶圣陆羽的《茶经》中,也有杭州天竺、灵隐二寺产茶的记载。但龙井茶之名却始于北宋。北宋时期,在灵隐、天竺二寺附近所产的茶叶已经很有盛名,经常被列为贡品。不过,起初这里的茶叶是以地而名,如香林洞的"香林茶",上天竺白云峰的"白云茶"等。有一年,北宋文学家、杭州通判苏轼曾约几位文友在狮峰山脚下龙井村的寿圣寺品茗吟诗。兴致之余,苏轼为寿圣寺书写了"老龙井"的匾额,加之本地的此类茶叶以龙井村质量最好,因而龙井茶就取代了其他的品名而流传下来。

如果说元代和明代龙井茶的名声还介于诸名茶之间的话,那么到了清代,由于乾隆皇帝的重视与欣赏,它则被列在众名茶的前茅,成为驰名中外、独占鳌头的名茶之首。

乾隆皇帝曾六次下江南,不论是出于游山玩水,还是体察民情的目的,但因为地方官吏知道他嗜好饮茶,所以他每到一地,地方官吏都将本地的名茶献上供乾隆品尝。因此,在他所到之地都留下了乾隆爱茶的佳话。传说有一年,乾隆到杭州西湖巡游,知州在游舫上用本地的狮峰龙井招待乾隆。乾隆一看这茶的汤色碧绿、茶芽直立、忽忽悠悠地飘然而落,十分美。饮一口,觉得满口清香、甘甜醇厚,便问知州:"这是什么茶?"知州回奏道:"这是西湖龙井的珍品——狮峰龙井,是从狮峰山胡公庙茶园采摘的。"

第二天,乾隆就来到狮峰山的胡公庙茶园巡查,见到庙门前左右分别排列着九棵茶树,枝繁叶茂,葱茏碧绿,芽梢齐发,雀舌初绽,充满生机。乾隆来到采茶姑娘跟前,就学着也采摘了一些新茶芽。接着,知州和胡公庙的主持陪着乾隆参观了狮峰山下的茶场,观看了新茶炒制的过程。临行时,茶场送给乾隆两盒狮峰龙井。乾隆回到京城时,恰逢太后身体不适,乾隆就将从杭州带回来的狮峰龙井命太监烹煎给太后饮用。太后也很喜欢这种龙井,连喝几天便觉得身体渐渐清爽起来。乾隆闻讯大喜,随即传旨给胡公庙主持,赐封胡公庙前的18棵茶树为御茶,每年产的龙井茶进贡给朝廷。这样,龙井茶也就蜚声寰宇了。

几千年来浩如烟海的文学艺术领域中,一部分诗词、绘画、茶联茶谚以及有关茶的故事传说,体现了我国茶文化博大精深的内涵。由此足以证明,我国不仅是茶的祖国,也是世界茶文化的源头。

本章小结

本章介绍了茶文化的内涵和中国茶文化精神、各民族饮茶习俗、茶与传统文化的关系,以及茶与文学艺术的关系等内容,这些构成了学习茶艺的基础与必要条件。

【知识链接】

陆羽与《茶经》

陆羽(公元783—804年),字鸿渐,号竟陵子、桑苎翁、东冈子,唐玄宗开元二十一年(公元783年)生于复州竟陵(今湖北天门)。一生嗜茶,精于茶道,以写作世界第一部茶叶专著——《茶经》闻名于世。他对中国茶业和世界茶业作出了卓越贡献,被誉为“茶圣”,奉为“茶仙”,祀为“茶神”。《茶经》全书共分上、中、下三卷,包括之源、之具、之造、之器、之煮、之饮、之事、之出、之略、之图十章,7 000余字,分别叙述了茶的生产、饮用、茶具、茶事、茶区等问题。

教学实践

与同学交流自己家乡的饮茶习俗或茶谚、茶典故。

练习

1.填出各民族相对应的饮茶习俗。

傣　族(　　) 景颇族(　　) 布朗族(　　) 白　族(　　)

蒙古族(　　) 土家族(　　) 回 族(　　) 藏 族(　　)

2.问答题。

(1)茶文化的内涵及基本特征是什么?

(2)中国茶文化的精神主要体现在哪几个方面?

(3)当今主要饮茶习俗可区分为哪几种类型?

(4)简述茶与道、佛、儒教的关系。

(5)人们对茶的利用大致表现在哪几个方面?

(6)列举唐代主要的茶诗词作品及其作者。

(7)列举古代主要的茶画作品及其作者。

第 3 章
茶艺基础知识

【本章导读】

这是本书的重点章节。通过本章的学习,让学生了解茶艺的构成和不同茶叶冲泡所使用的茶具以及泡茶用水的分类。掌握基本茶类的冲泡要领和程序、各种茶叶的品饮要领等。

【关键词汇】

茶艺要素 茶具 用水 冲泡技艺

【问题导入】

茶艺的定义是什么?茶艺包括哪些要素?如何泡好一杯(壶)茶?如何品饮一杯茶?以上问题是学习本章需要掌握的。在学习理论知识的基础上,要勤于实践,边学边练,不断提高自己的实作技能。

3.1 茶艺要素

3.1.1 茶艺的定义及构成

1)茶艺的定义

茶艺的历史可以追溯到唐代,陆羽在《茶经》一书中系统地论述了关于烹茶器具、用水、烹煮方法和饮用方法,由此奠定了中国茶艺的形态和功能。但现代意义的"茶艺"一词最早出现于 20 世纪 70 年代的中国台湾。当时的人们认识到传统历史文化有它无可替代的优越性,于是开始重新寻找民族文化的源泉,迫切希望回到中国文化的潮流中来,"茶艺"就在这种大环境下应运而生。以中国台湾民俗学会理事长娄子匡教授为主的茶爱好者,倡议弘扬茶文化,恢复品茗的民俗,提出"茶艺"一词,经过大家的讨论,得到广泛认可。

那么,什么是茶艺呢?简单地说,茶艺就是茶之技艺,可以从广义和狭义两个方面去理解。

广义的茶艺,是指研究茶叶的生产、制造、经营、饮用的方法和探讨茶叶原理,以达到物质和精神统一的学问。

狭义的茶艺,是指研究如何泡好一壶茶的技艺和如何享用一杯茶的艺术。

2)茶艺的构成

茶艺是一个整体,包括了与茶叶相关的水、茶具、环境、冲泡及品饮技艺等。可归纳为六要素,即选茶、备器、择水、环境、冲泡和品饮。

(1)选茶

茶叶的种类繁多,基本茶类有绿茶、红茶、黄茶、白茶、青茶和黑茶六大类,各类茶中又有无数的茶叶品种,以致有人感慨,喝了一辈子的茶,茶名记不全。但由于每个人对茶的喜好不同、年龄不同、身体状况不同、工作环境不同、生活地区不同、经济收入不同,甚至心情不同,选择茶叶时,对茶叶的品种、等级要求也有所不同。

茶叶,是确保冲泡好茶的物质基础。不同的茶叶具有不同的滋味和功效,因此每人可根据自身的喜好与具体情况,选择适合的茶叶。

虽然个人的爱好不同,但茶叶的选择还是有标准可言的。按照茶叶感官审评的要求,判断茶叶的品质优劣可以从外形和内质两个方面入手。从外形上来说,有四项因子,即条索、整碎、色泽和净度。从内质上来说,也有四项因子,即香气、汤色、滋味和叶底。外形和内质两方面合起来总共有八项因子。就茶艺而言,一般要求选择外形美观、匀整、净度好,香气纯正,汤色明亮的茶叶作为冲泡用茶。

(2)备器

中国美食标准历来有"色、香、味、形、器"之说,"器"即指的是餐具。我国自古以来,无论是饮还是食,都极重视器之美。早在唐代,陆羽在《茶经》中就提到了24种器具的形制及选择标准。

茶具,能保持茶叶的香与味,衬托出茶叶的色与形,而且其本身往往还有艺术欣赏价值,因此是泡茶时不容忽视的一个环节。尤其是用茶待客时,就更必须精心挑选茶具,以体现对客人的热情和尊重。

(3)择水

水,是茶叶滋味和内含物质的载体。茶的色、香、味和各种营养保健物质,都要溶于水后才能供人享用。

泡茶水质的好坏能直接影响茶汤的色、香、味,尤其对茶汤滋味的影响更大。

从古至今,茶人对泡茶用水都有极高的要求,茶圣陆羽在《茶经》中对泡茶用水作了明确的界定:"其水用山水上、江水中、井水下。"明代许次纾在《茶疏》中也提出:"精茗蕴香,借水而发,无水不可论茶也。"张大复在《梅花草堂笔谈》中提出对水的要求高于对茶叶本身的要求,他说:"茶性必发于水。八分之茶,遇十分之水,茶(汤)也十分矣;八分之水,试十分之茶,茶(汤)只八分耳。"

以上都是古人对泡茶用水的看法,这都说明了在茶艺中,只有好水配好茶,才能相得益彰。

(4)环境

俗话说"禅茶一味""茶可清心",说明品茗具有饮水解渴不能比拟的文化意味和精神内涵。

所谓环境,就是品茶的场所。品茗,需要有一定的环境。中国古代对品茶的环境非常讲究,或清风明月、松下竹旁、溪边池畔、草屋茅舍,或小桥流水、琴棋书画、幽居雅室,追求一种天然的情趣和文雅的气氛,使茶、人、自然三者相互统一,相互和谐。

茶,渗透了儒、佛、道的思想精髓,儒家的仁义礼信、佛家的静虑修身、道家的虚静缥缈,共同构成了饮茶的意境:淡泊、随缘、自然、旷达。在精神方面,佛家提倡的"化境"(指可使人得到熏陶、得到教化的环境)与饮茶要求的清幽空寂、自然淡雅不谋而合;茶的淡泊也与禅的平常恰恰融为一体,构成了"茶禅一味"的境界。

为了养生、禅悟、修性而饮茶,饮茶的地点与环境同样也要适应这种氛围。无论是闹市旷野,还是精舍茅屋,都要尽可能使情调高雅,以衬托茶人的心绪。明人徐渭所说的"茶宜精舍、云林、竹灶,幽人雅士,寒宵兀坐,松月下,花鸟间,清流白云,绿鲜苍苔,素手汲泉,红妆扫雪,船头吹火,竹里飘烟",就描述了饮茶环境的质朴、清静。

家庭饮茶,如果没有能力创造一个专门的茶室,但为饮茶创造一个整洁的角落还是可行的:阳台、客厅,甚至卧室一角,只要摆上一个茶几、几把椅子,搞一些绿色植物作点缀,墙上挂点字画,就是一个很惬意的品茗环境了。

三五知己相邀到茶艺馆品茗已是一种时尚。风格或古朴或现代,灯光柔和,音乐悦耳,再加上茶艺师的冲泡示范和服务,是现代人的一种高雅享受。

(5)冲泡

冲泡茶叶,就是用开水浸泡茶叶,使茶中可溶物质溶解于水,成为茶汤的过程。粗看起来,是人人皆会的,没有什么学问,其实不然。有的人天天泡茶,但未必领略泡茶真谛,对各种茶的沏泡特点也不一定能够掌握自如。

　　不同种类的茶,便有不同的冲泡方法,即使是同一种类的茶,也有不同的冲泡方法。在众多的茶叶中,由于每种茶的特点不同,有的重茶香,有的重茶味,有的重茶形,有的重茶色,便要求泡茶有不同的侧重点,并采取相应的方法,以发挥茶叶本身的特色。

　　泡茶是一门综合艺术,需要较高的文化修养,即不仅要有广博的茶文化知识和对茶道内涵的深刻理解,而且要具有很高的道德素养,同时深谙各民族的风土人情。正如鲁迅先生曾说过:"有好茶喝,会喝好茶是一种清福;不过要享这种清福,首先必须有工夫,其次是练习出来的特别感觉。"否则,纵然有佳茗在手,也无缘领略其真味。

　　(6)品饮

　　品茶不同于喝茶。喝茶如牛饮是满足人的生理需求,只能带来生理上的快感,无法体验到茶的真味。宋徽宗说:"夫茶以味为上。"品茶重在品,而不在止渴,细细品,徐徐啜,慢慢体验茶的独特韵味,从而使人获得一种精神上的享受。

　　品茶不仅要品味,还要注意茶的色泽、香气,才可得其真趣。品茶应是一种物质和精神的双重享受。

3.1.2　茶叶冲泡要领

1)泡茶的基本方法

　　茶叶因不同的品种、等级等因素,所采用的方法也不同,杯泡通常有上投法、中投法、下投法3种。

　　(1)上投法

　　上投法是先将适当水温的开水冲入茶杯的七分满后,再放入茶叶。此种方法适合极细嫩重实的上等绿茶,如洞庭碧螺春。

　　(2)中投法

　　中投法是先将适当水温的开水冲入茶杯的1/3后,放入适量茶叶,稍等片刻,待干茶吸收水分舒展开时,再冲水至杯的七分满。此种方法适合上等绿茶。

　　(3)下投法

　　下投法是先将茶叶放入杯中,再冲适当水温的开水至杯的七分满。此方法适合普通绿茶、花茶、红茶、白茶、黄茶。

2)泡茶要素

　　泡茶要素包括茶的用量、水温和冲泡时间三要素。

（1）茶的用量

要泡好一杯茶或一壶茶，首先要掌握茶叶的用量。茶叶究竟用多少，其实并非一成不变，主要是根据茶叶的种类、茶具大小以及饮茶者的习惯而定。

茶叶种类繁多，茶类不同，用量各异。所谓标准置茶量是指通常情况下能较好地发挥茶性的茶与水的比例，就此标准而言，一般置茶量如下：

花茶、绿茶、红茶以 3～4 g 茶叶泡 150～200 mL 水为宜；用茶量最多的是乌龙茶，而乌龙茶因发酵程度、紧结程度不同，所以置茶量也有区别，通常最轻发酵乌龙茶的置茶量以壶的 2/3 为宜，如台湾包种茶、阿里山茶；半发酵乌龙茶的置茶量以壶的 1/2 为宜，如冻顶乌龙、铁观音；重发酵乌龙茶的置茶量以壶的 1/3 为宜，如大红袍等。

用茶量多少与消费者的饮用习惯也有密切关系。在西藏、新疆、青海和内蒙古等少数民族地区，人们以肉食为主，少食蔬菜，因此茶叶成为生活必需品，他们普遍喜饮浓茶，故每次茶叶用量较多。华北和东北地区的人，大都喜饮花茶，通常用较大的茶壶泡饮，茶叶用量较少。长江中下游地区的消费者主要饮用龙井、毛峰等绿茶，一般用瓷杯或玻璃杯，每次用量也不多。福建、广东等省及台湾地区，人们喜饮工夫茶。茶具虽小，但用茶量较多。

茶叶用量还同消费者的年龄结构与饮茶历史有关。中、老年人往往茶龄长，喜喝较浓的茶，故用量较多；初学饮茶者，普遍喜爱较淡的茶，故用量宜少。

总之，泡茶用量的多少，关键是掌握茶与水的比例，茶多水少，则味浓；茶少水多，则味淡。

（2）泡茶水温

古人对泡茶水温十分讲究。宋代蔡襄在《茶录》中说："候汤最难，未熟则沫浮，过熟则茶沉，前世谓之蟹眼者，过熟汤也。沉瓶中煮之不可辨，故曰候汤最难。"明代许次纾在《茶疏》中说得更为具体："水一入铫，便需急煮，候有松声，即去盖，以消息其老嫩。蟹眼之后，水有微涛，是为当时；大涛鼎沸，旋至无声，是为过时；过则汤老而香散，决不堪用。"以上说明，泡茶烧水，要大火急沸，不要文火慢煮。以刚煮沸起泡为宜，用这样的水泡茶，茶汤香味皆佳。如水沸腾过久，即古人所称的"水老"。此时，溶于水中的二氧化碳挥发殆尽，泡茶鲜爽味便大为逊色。未沸滚的水，古人称为"水嫩"，也不适宜泡茶，因水温低，茶中有效成分不易泡出，使香味低淡，而且茶浮水面，饮用不便。

其实，泡茶水温的高低与茶叶中可溶于水的浸出物质有关。因此，不同的茶叶适用不同的水温。一般情况下，冲泡高档绿茶的水温在 75～85 ℃，高档绿茶芽叶细嫩，如水温过高，维生素 C 会被破坏，同时，汤色会因而变黄，茶多酚快速浸出后茶汤也会变得苦涩;冲泡普通绿茶、花茶,以及轻发酵的乌龙茶、普洱生茶的水温一般在 90 ℃左右;乌龙茶、红茶、普洱熟茶等的水温一般在 95 ℃左右;白茶、黄茶选料细嫩,70 ℃的水温就可以了。

这里要特别说明一点,以上谈到高档绿茶适宜用 75 ~ 85 ℃的水冲泡,这通常是指将水烧开之后(水温达 100 ℃),再冷却至所要求的温度;如果是无菌生水,则只要烧到所需的温度即可。

(3)冲泡时间

茶叶冲泡的时间,通常与茶叶种类、泡茶水温、用茶数量、泡茶用具和饮茶习惯等都有关系,不可一概而论。通常,普通的红茶、绿茶,头泡以 30 ~ 50 s 饮用为宜;乌龙茶、普洱茶第一泡的时间大约为 45 s,第二泡应比第一泡多 15 s 左右,以此类推。白茶和黄茶选料细嫩,水温要求低至 70 ℃,浸泡时间应在 1 min 左右。

一般而言,投茶量大、水温高、水量多、茶叶细嫩的,冲泡时间要短;反之,则冲泡时间长。

除了以上三要素外,泡茶的次数也很重要。据测定,茶叶在第一泡时,其可溶性物质能浸出 50% 左右;第二泡能浸出 30% 左右;第三泡能浸出 10% 左右;待第四泡时,则所剩无几了。因此,通常以冲泡 3 次为宜。当然,由于茶叶的品种不同、老嫩程度不同、紧结程度不同,冲泡的次数也不尽相同。一般高档绿茶、黄茶、白茶以冲泡 2 ~ 3 次为宜;乌龙茶、大宗的红茶、绿茶以冲泡 5 ~ 7 次为宜;袋泡茶以 1 次冲泡为宜。

3.1.3 茶汤的品饮方法

对于大部分的人来讲,喝茶是为了解渴。其实,茶不仅可以满足人们生理上的需求,还可以获得精神上的满足,并从茶的色、香、味、形中体味人生、感悟生活、抒发情感。

唐朝诗人卢仝在《走笔谢孟谏议寄新茶》诗中,以神逸的笔墨,描写了饮茶的好处,并因其生动地描述了饮茶一碗、二碗至七碗时的不同感受和情态,故有《七碗茶歌》之称:

"一碗喉吻润。二碗破孤闷。三碗搜枯肠,唯有文字五千卷。四碗发轻汗,平生不平事,尽向毛孔散。五碗肌骨清。六碗通仙灵。七碗喝不得也。唯觉两腋习习清风生。蓬莱山,在何处?玉川子乘此清风欲归去。"

对诗人来说,茶不仅仅只是口腹之饮,而是创造了一片广阔的精神世界。当他饮到七碗茶时,已有大彻大悟、超凡脱俗之感,精神得到升华。

关于饮茶,古人总结了"茶之十德":以茶散闷气、以茶驱腥气、以茶养生气、以茶除疠气、以茶利礼仁、以茶表敬意、以茶尝滋味、以茶养身体、以茶可雅志、以茶可行道。这"茶之十德"除茶的生理功能外,还强调精神性的四德。当然,不是每个人都能达到那种境界的,但正确的品饮,可不断提高对茶叶的鉴赏能力,同时从品茶中丰富我们的人生。

当通过正确的泡茶方法,最终得到一杯好的茶汤之后,应该如何正确去品尝、欣赏呢? 通常可以从3个方面去品味:一是观色,也叫"眼品";二是闻香,也叫"鼻品";三是品味,也叫"口品"。不过,不同的茶类有各自不同的特点,因此在欣赏的方法上也各有不同。

1)绿茶的品饮

绿茶的外形、色泽、香气是所有茶类中最丰富多样的。因此,品饮名优绿茶时就要从以下方面开始:

(1)欣赏茶叶的形状

①干茶外形。在冲泡绿茶前,先欣赏干茶的外形和色泽是必不可少的。一般欣赏干茶的方法是用茶则取干茶适量直接观赏,也可用茶则取干茶后,再放入茶荷里观赏,干茶的外形有条索形、针形、扁平形、螺形、雀舌形、月牙形等;其色泽或碧绿或深绿或黄绿或白里隐绿。

②冲水后茶叶的形状。采用透明玻璃杯泡饮细嫩绿茶,主要是为了便于观察干茶经开水滋润后,在水中缓慢舒展、游动、变幻的过程,茶人称其为"茶舞"。当注入开水后,茶叶便开始徐徐下沉,有先有后,有的直线下沉,有的则徘徊缓下,有的上下沉浮后降至杯底;干茶吸收水分,逐渐展开叶片,现出一芽一叶、二叶,或单芽、单叶的形态,芽似枪、似剑,叶如旗。这是茶叶动态的美。

(2)嗅闻茶汤的香气

随着茶叶的舒展,汤面水气夹着茶香缕缕上升,这是趁热嗅闻茶汤香气的最好时机,其香气有豆香、板栗香、清香等,可充分领略各种名优绿茶的地域性的天然风韵,令人心旷神怡。

(3)观茶汤的颜色

绿茶的汤色并不是绿色的,一般为黄绿明亮,或淡绿微黄,若隔杯对着阳光透视,还可见到汤中有细细茸毫沉浮游动,闪闪烁烁,星斑点点。茶叶细嫩多毫,汤中散毫就多,此乃嫩茶特色。

(4)品茶汤的滋味

品尝茶汤滋味,宜小口品啜,缓慢吞咽,让茶汤与舌头味蕾充分接触,细细领

略名茶的风韵。此时,舌与鼻并用,可从茶气中品出嫩茶香气,顿觉沁人心脾。此谓一开茶,着重品尝茶的头开鲜味与茶香。饮至杯中茶汤尚余三分之一水量时(不宜全部饮干),再续加水,谓之二开茶。品尝二开茶重在品尝茶的回味与甘醇,二开茶茶汤最浓,饮后舌尖回甘,余味无穷,齿颊留香,身心舒畅。饮至三开,一般茶味已淡,续水再饮就显得淡薄无味了。

2)红茶的品饮

根据是否添加了调料,红茶品饮可分为清饮和调饮两种方法。

(1)清饮红茶的品饮

清饮红茶重在领略其色泽、香气和滋味,是品饮其茶的本质。端杯开饮前,首先要闻其香,观其色,再品其味。红茶的香气有浓郁的麦芽糖香,而红茶最迷人之处,还在于它的汤色,在所有茶类中,红茶的汤色浓艳而诱人,有宝石红、朱红等。品饮红茶的滋味,就要在"品"字上下功夫,红茶有花香型和果香型两种,品饮时要缓缓斟饮,细细品啜,徐徐体味。

(2)调饮红茶的品饮

调饮红茶重在领略其香气和滋味。由于调饮红茶在茶汤中加入不同的调味,因而风格各异,滋味有别,但名优红茶无论放入什么调味,也不会失去茶本身的香醇。品饮时,应先闻其香,再品其味。对于调饮红茶的香和味的要求,则要看添加的调味而定,不能一概而论。

3)乌龙茶的品饮

乌龙茶也称青茶,是介于绿茶和红茶之间的一类半发酵茶叶。因此,它具有绿茶的鲜灵清香和红茶的醇厚甘爽,可说是色、香、味俱佳,广为大众喜爱的一种茶类,但只有掌握了正确的品饮方式,才能体味乌龙茶的妙处。

(1)赏干茶

乌龙茶干茶的外形有球形、半球形、直条形,色泽油润,砂绿至乌褐。

(2)闻茶香

品饮乌龙茶要特别注意闻香,乌龙茶有"三香",即高温香、中温香、冷香。通常是将第一泡的茶汤先倒入闻香杯,之后倒出茶汤,立刻闻其杯中的香气,这便是高温香;片刻之后,再闻其香是中温香;至杯冷后,再闻香是冷香,而随着温度的逐渐降低,杯中的香气也不同。

再有,就是一至三泡各闻香一次,第一泡闻的是茶的纯度,第二泡闻的是茶的本香,第三泡则是闻茶香的持久性。

(3)观汤色

乌龙茶的汤色清澈明亮,从黄绿、蜜绿到金黄,观之令人赏心悦目。

(4)品茶味

品饮乌龙茶一般强调热饮,要随泡随喝才有味,品饮的杯是小如桃核的品茗杯,品饮的方法是先啜入一小口茶汤后,用口吸气,茶汤在舌的两端来回滚动而发出声音,让舌的各个部位能充分感受茶汤的滋味,而后徐徐咽下,慢慢体会颊齿留香的感觉。一小杯茶汤要分三口慢慢细品,"品"字三个口,一小口一小口慢慢喝,正所谓"三口方知其味,三番才能动心"。

4)白茶的品饮

白茶的品饮方法较为独特,这是因为白茶在加工时未经揉捻,茶汁不易浸出,所以冲泡时间较长。冲泡开始时,芽叶都浮在水面,经吸收水分和热气后,才有部分茶芽沉落杯底,此时最适合隔杯观赏,茶芽条条挺立,上下交错,茶芽白毫如银、绿如竹,似雨后春笋,甚是好看;大约 10 分钟后,茶汤呈杏黄或橙黄色,此时方可端杯闻香、尝味。如此品茶,尘俗尽散,意趣盎然。

5)黄茶的品饮

黄茶类中以君山银针最具代表性。在品饮过程中突出对茶芽的欣赏,是一种以赏景为主的特种茶。刚冲泡的君山银针是横卧水面的,当盖上玻璃片后,茶芽吸水下沉,芽尖产生气泡,犹如雀舌含珠;继而,茶芽根根竖立,如刀枪林立;接着,沉入杯底的直立茶芽,少数在芽尖气泡的浮力作用下再次浮升,如此三起三落。而茶汤橙黄明净,待打开玻璃片后,一缕白雾从杯中冉冉升起,缓缓消失,此时端杯闻香,顿觉清香袭人,闻香之后开始品饮,君山银针口感醇和、鲜爽、甘甜。

6)普洱茶的品饮

茶叶一般来说都是喝当年的新茶,但普洱茶不同,它可以在存放的过程中持续发酵,存放越久茶香越醇,故而形成独具特色的"陈香"。

普洱茶的品饮重在寻香探色,为了更好地品味普洱茶,观赏茶汤,一般选用白瓷或玻璃透明小杯。品饮前,应先观汤色,优质普洱茶的茶汤是洁净透亮的。由于普洱茶有生茶、熟茶及储存时间长短之分,故汤色有别。新制熟茶的茶汤呈深红色,不透亮;新制生茶呈淡金黄色。

品饮普洱茶大体上的原则是小口慢饮,口内回旋,缓缓咽下。新制普洱茶口感活泼、清爽明朗;陈年普洱茶在口感上比较稠厚、茶汤柔滑,两者各有韵味。

普洱茶的香气也很特别,熟茶"陈香",生茶清香。品饮时,香气在口鼻之间缭绕不散,令人心旷神怡。

7)花茶的品饮

花茶是用茶叶和香花进行拼和窨制,使茶叶既保持了原有的滋味,又吸收了

花的香气,相互交融,有"引花香、益茶味"之说。

花茶的品饮重在寻味探香,特别讲究"一看、二闻、三观景、四品味"。

看,即在冲泡前先欣赏花茶的外观形状。

闻,即闻干茶和茶汤的香气。闻干茶的方法可用茶则取茶叶放于茶荷中直接闻香。闻茶汤的方法,以用盖碗泡法为例,左手端杯,右手拇指和中指捏住盖钮,食指抵住钮面,向内翻转碗盖,将碗盖握于鼻前 1 cm 左右来回轻摇数下。

观景,即观"茶舞",看茶叶在水中飘舞、沉浮。四川有一种名叫"碧潭飘雪"的茉莉花茶,极富观赏性,黄绿明亮的汤面飘浮少许茉莉花朵,果然是一副白雪飘飘于碧潭之上的景象。

需要说明的是,观景只是针对高档次的花茶,对于一般花茶而言,只需要闻香和品味便可。至于花茶的汤色,因在窨制过程中,茶坯在吸香的同时也吸收了一定数量的水分,会使茶汤颜色发生一定变化。所以,一般不对花茶的色泽有特别要求,当然高档花茶就另当别论了。

品味,即品不同花香与茶香交融的滋味,窨制花茶可用的花有茉莉花、玫瑰花、桂花、白兰花、珠兰花、米兰花、柚子花、腊梅花等,不同的花与茶结合后都有不同的滋味和香味。品饮时,让茶汤在口中稍稍停留,以口吸气与鼻呼气相结合的方式,使茶汤在舌面来回往返流动,充分与味蕾接触,如此一两次,再徐徐咽下。

3.2　茶具知识

茶具,其定义古今并非相同。古代茶具,泛指制茶、饮茶使用的各种工具,包括采茶、制茶、储茶、饮茶等大类。现在所指的与泡茶有关的专门器具,古时叫茶器,直到宋代以后,茶具与茶器才逐渐合一。目前,则主要指饮茶器具。《茶经》中详列了与泡茶有关的用具,共有 24 种、八大类。

茶具又称茶器具、茶器,它有广义和狭义之分。广义来说,是泛指完成泡饮全过程所需设备、器具、用品及茶室用品,也统称为茶道具;狭义来说,仅指泡和饮的用具,即主茶具。我们这里需要了解的主要是狭义的茶具。

3.2.1　茶具的种类

我国的茶具种类繁多、造型优美,除具实用价值外,也有颇高的艺术价值,因

而驰名中外, 。   嗦。茶具按材质分类,可分陶土茶具、瓷器
茶具、漆器茶具、玻   具和竹木茶具等几大类。

1)陶土茶具

陶土器具是新石器时代的重要发明,最初是粗糙的土陶,然后逐步演变为比较坚实的硬陶,再发展为表面上釉的釉陶。

陶器中的佼佼者当推宜兴制作的紫砂壶。早在北宋时期就已崛起,成为独树一帜的优质茶具,明代大为流行,成为各种茶具中惹人珍爱的瑰宝。

(1)紫砂壶的特点

宜兴的陶土,黏力强而抗烧。由于成陶火温较高,烧结密致,胎质细腻,用紫砂壶泡茶,既不渗漏又有肉眼看不到的气孔,经久使用还能吸附茶汁,蕴蓄茶味,既不夺茶真香,又无熟汤气,能较长时间保持茶叶的色、香、味;且传热不快,不致烫手;酷暑盛茶,不易酸馊;即使冷热巨变,也不会破裂。紫砂壶还有造型简练大方、色泽淳朴古雅、光洁无瑕的特点。

(2)紫砂壶的泥料及颜色

紫砂泥料主要有紫泥、本山绿泥、红泥3种,统称为紫砂泥。这3种原料都可以单独使用制作器皿,也可以根据需要互相配比掺和使用。开采的紫砂矿料不能用水直接膨润,要散置露天,风化陈腐几月,然后粉碎、过筛,加水拌匀。加工成型的坯件不再上釉,经1 100~1 200 ℃氧化焰烧成,就可以得到色泽雅致、质地坚实耐用的成品。产品的色泽以紫红为主,因而称为紫砂陶。由于原料的比例不同,还可以得到朱砂紫、深紫、栗色、梨皮、海棠红、天青、青灰、墨绿、黛绿等不同颜色。

(3)紫砂壶的造型

紫砂壶的基本造型有4种:

①几何型。即按照球形、菱形、正方形等几何形制作的,如四方壶、六方壶、八角壶、圆壶等。

②自然型。也叫"花货",这类茶具是直接模拟自然界固有物或人造物来作为造型的基本形态。如南瓜壶、梅干壶、报春壶等。

③艺术型。通过反映制作者的艺术想象,或集雕塑、诗文、书画于一体,如加彩人物壶、山水茗具、什锦壶等。

④特种型。根据某些茶类和饮茶方法而专门制作的茶具。

此外,兼有两种以上特点的茶具被称为混合型,如竹节壶,就是几何型与自然型的结合。

宜兴紫砂壶始于北宋,兴盛于明、清。精美之作贵如鼎彝,有"土与黄金争

价"之说。明代紫砂壶大师时大彬制作的小壶,典雅精巧,作为点缀于案几的艺术品,更增添品茗的雅趣。因此,当时就有十分推崇"千奇万状信手出,宫中艳说大彬壶"的诗句。

(4)紫砂壶的名家

第一个在紫砂壶历史上留下名字的壶艺家是供春,也被称为龚春。他被认为是紫砂壶的开山鼻祖。

供春是明正德嘉靖年间人,原为宜兴进士吴颐山的家僮。吴颐山在宜兴金沙寺(在今宜兴湖滏镇)读书,书僮供春"给使之暇",发觉金沙寺僧人将制作陶缸陶瓮的细土加以澄练,捏筑为胎,规而圆之,剜使中空,制成壶样。便"窃仿老僧心匠,亦淘细土,抟坯茶匙穴中,指掠内外",做成"栗色暗暗如古金铁"的茶壶,这就是后来名闻遐迩的紫砂茶壶。其代表作为现藏中国历史博物馆的树瘿壶。

明代万历年间,出现了董翰、赵梁、元畅、时朋四大制壶高手,号称"四大名家"。他们或以工巧著称,或以古拙闻名,所谓制壶"方非一式,圆不相同"的诸多壶式就出自他们之手。

之后,有时大彬、李仲芳、徐有泉师徒三人,被称为"三大妙手"。时大彬是宜兴紫砂艺术的一代宗匠。他对紫砂陶的泥料配制、成型技法、造型设计与铭刻都极有研究,确立了至今仍为紫砂业沿袭的用泥片和镶接凭空成型的高难度技术体系。改作小壶,使紫砂壶更适合文人的饮茶习惯,把文人情趣引入壶艺,使壶艺与茶道相结合,把壶艺推进到了一个新的高度。

清代有陈鸣远、杨彭年、邵大亨、惠孟臣、陈鸿寿等人。陈鸣远制壶技艺精湛全面,又勇于开拓创新。他仿制的爵、觚、鼎等古彝器,工艺精,品位高,古趣盎然。所制茗壶造型多种多样,特别善于自然型类紫砂壶的制作,作品有瓜形壶、莲子壶、束柴三友壶、松段壶、梅干壶、蚕桑壶等,均极具自然生趣,进一步把自然型壶推向艺术化的高度。这些壶式不仅是他的杰出创造,而且成为砂壶工艺上的经典造型,为后来的制壶家们广泛沿用。杨彭年,字二泉,号大鹏。与弟宝年、妹凤年,均为当时制壶名艺人。杨彭年继承、发扬了全手工制壶工艺。惠孟臣壶艺出众,独树一帜,作品以小壶居多。所造小壶大巧若拙,怡人心目,后世称为"孟臣壶"。陈鸿寿,钱塘(今浙江杭州)人,中国清代篆刻家。字子恭,号曼生。陈鸿寿除善于金石书画以外,以设计紫砂壶最为人称道。他与杨彭年的合作,堪称典范。代表作品有曼生十八式,即18种经典紫砂壶款式。

近、当代有顾景舟、许四海、朱可心、蒋蓉等人。顾景舟原名景洲,宜兴紫砂名艺人,中国工艺美术大师。他在壶艺上的成就极高,技巧精湛,且取材甚广,可以说是近代陶艺家中最有成就的一位,所享的声誉可媲美明代的时大彬,世称"一代宗师""壶艺泰斗"。许四海号称"江南壶怪",是一位在海内外享有盛誉的紫砂陶艺大家,也是一位极富传奇色彩的鉴藏家。在上海创立了四海壶具博物馆。朱可心,原名开张,学名凯长,后改名"可心",寓意"虚心者,可师也""山中一杯水,可清天地心"之意。蒋蓉别号林凤,1995年被授予"中国工艺美术大师"称号。蒋蓉的作品在中国紫砂工艺史上技术精湛,生动具真,别具一格,成为中国紫砂工艺史上第一位女工艺美术大师。

目前,紫砂茶具品种已由原来的四五十种增加到600多种。

1953年,在北京举办的全国民间工艺品展览会上,江苏宜兴紫砂陶、广西钦州坭兴桂陶、云南建水五彩陶、四川(后划归重庆市)荣昌陶器以其悠久的历史,卓然不凡的陶瓷品相和深厚的文化内涵,被原国家轻工部命名为"中国四大名陶"。

坭兴桂陶,又名坭兴陶,以广西钦州市钦江东西两岸特有紫红陶土为原料,将东泥封闭存放,西泥取回后经过4~6个月以上的日照、雨淋使其碎散、溶解、氧化,达到风化状态,再经过碎土,按4:6的比例混合,制成陶器坯料。东泥软为肉,西泥硬为骨,骨肉得以相互支撑并经过坭兴陶烧制技艺烧制后形成坭兴桂陶。广西制陶术自成一体,地方区域特征明显。从桂林甑皮岩制陶开始,广西桂陶即形成独特的、鲜明的,以"双料混炼、骨肉相融、自然素烧、烧炼出彩、陶刻纹印、陶艺造型"等六项制陶基本特征为特点的制陶工艺。产品有各种吸烟小泥器、茶壶、花瓶和文房用具等。

云南建水紫陶陶泥取自境内五彩山,含铁量高,使成器硬度高,强度大,表面富有金属质感,叩击有金石之声。经无釉磨光,精工细磨抛光,质地细腻,光亮如镜。有"坚如铁、明如水、润如玉、声如磬"之誉。建水陶讲究精工细作,尤其注重装饰,它以书画镂刻、彩泥镶填为主要手段,集书画、金石、镂刻、镶嵌等装饰艺术于一身。建水陶集实用性与观赏性于一身,有壶、杯、盆、碗、碟、缸、汽锅、烟斗、文房四宝等产品。

荣昌陶品种繁多,工艺陶中素烧的"泥精货",具有天然色泽,给人以古朴淡雅之感。以各种色釉装饰的"釉子货",观之有晶莹剔透之形,叩之能发清脆悦耳之声,装饰大方朴质而富于变化,具有浓郁的民族风格和地方特色。还包括各类日用品(蒸钵、鼓子、茶具、酒具、饭碗、痰盂)和鉴赏品十余种。各类鉴赏品设计灵巧,造型优美,透出强烈的生命活力。

近年来备受爱茶人追捧的陶土茶具当属柴烧。所谓柴烧,是指利用薪柴为燃料烧成的陶瓷制品,主要分为上釉(底釉)与不上釉(自然釉)两大类,多用于

茶具和茶室用器,对发色、原料、器形、韵味等因素都有很高的要求。如日本备前烧、常滑烧等,国内各地柴烧也有兴起之势。

与现代工艺多采用电烧和汽烧以保持材质稳定性不同,柴烧作品里材质以陶土居多,陶土的耐热好,通过柴烧让土能产生一种温润、沉稳、内敛之美。由于陶土与火接触的过程中产生的微妙变化,会引发器体表面呈现更加多样的色彩,形成柴烧成品独一无二的品质特点。

柴烧选用的木材一般需静置约 3~6 个月以上,忌太潮湿,以利燃烧。以松木最佳,烧窑时,窑主通常将木头靠在窑壁上,利用窑温帮助其干燥。

一般烧窑需 3~5 天,其间需不眠不休轮班投柴。投柴的速度和方式、天气的状况、空气的进流量等细微因素,都会影响窑内作品的色泽变化。

2)瓷器茶具

瓷器是我国古代伟大的发明,瓷器茶具产生于陶器之后,其品种很多,主要分为白瓷茶具、青瓷茶具和黑瓷茶具。

(1)白瓷茶具

白瓷茶具以色白如玉而得名,尤以江西景德镇生产的最为著名。白瓷,早在唐代就有"假玉器"之称,有"白如玉,薄如纸,明如镜,声如磬"之誉。它坯质致密透明;上釉,成陶火度高,无吸水性,音清而韵长。因色泽洁白,能反映出茶汤本色,传热、保温性能适中,加之色彩缤纷、造型各异,堪称饮茶器皿中的珍品。早在唐代,景德镇就能生产出质量很高的茶具了。宋代,景德镇已成功地制成褐黄、天蓝、微青细条纹的青白茶具,并建有御窑。元代,景德镇的白瓷茶具已远销国外。明代,景德镇设立了专门工场,制造皇宫所需茶具,成为全国的制瓷中心。清代,特别是从康熙至乾隆年间,景德镇的珐琅、粉彩茶具,质如白玉,薄如蛋壳,达到了空前水平。如今,景德镇白瓷茶具更是面目一新。

(2)青瓷茶具

青瓷茶具主要产于浙江、四川等地。浙江龙泉青瓷,以造型古朴挺健、釉色翠青如玉著称于世,是瓷器百花园中的一枝奇葩,被人们誉为"瓷器之花"。龙泉青瓷产于浙江西南部龙泉县境内,是我国历史上瓷器重要产地之一。南宋时,龙泉已成为全国最大的窑业中心。其优良产品不但在民间广为流传,也是当时皇朝对外贸易交换的主要物品。特别是艺人章生一、章生二兄弟俩的"哥窑""弟窑"产品,无论釉色或造型,都有极高的造诣。因此,哥窑被列为"五大名窑"之一,弟窑被誉为"名窑之巨擘"。

哥窑瓷,以"胎薄质坚,釉层饱满,色泽静穆"著称,有粉青、翠青、灰青、蟹壳青等,其中以粉青最为名贵。釉面显现纹片,纹片形状多样,纹片大小相间的称

"文武片",有细眼似的叫"鱼子纹",类似冰裂状的称"北极碎",还有"蟹爪纹""鳝血纹""牛毛纹"等。这些别具风格的纹样图饰,是釉原料的收缩系数不同而产生的,给人以"碎纹"之美感。

弟窑瓷,以"造型优美,胎骨厚实,釉色青翠,光润纯洁"著称,有梅子青、粉青、豆青、蟹壳青等,其中以粉青、梅子青为最佳。滋润的粉青酷似美玉,晶莹的梅子青宛如翡翠。其釉色之美,至今世上无类。

直到元代中后期,青花瓷茶具才开始成批生产,景德镇成了我国青花瓷茶具的主要产地。由于青花瓷茶具绘画工艺水平较高,且是将中国传统绘画技法运用在瓷器上,因此这也可以说是元代绘画的一大成就。明代,景德镇生产的青花瓷茶具品种越来越多,到了清代,特别是康熙、雍正、乾隆时期,所烧制的青花瓷器具,更是史称"清代之最"。

（3）黑瓷茶具

黑瓷茶具产于浙江、四川、福建等地。在宋代,斗茶之风盛行,斗茶者们根据经验,认为黑瓷茶盏用来斗茶最为适宜,因而驰名。北宋蔡襄《茶录》记载:"茶色白,宜黑盏,建安（今福建）所造者绀黑,纹如兔毫,其坯微厚,燥之久热难冷,最为要用。出他处者,或薄或色紫,皆不及也。其青白盏,斗试家自不用。"四川广元窑烧制的黑瓷茶盏,其造型、瓷质、釉色和兔毫纹与建瓷也不相上下。浙江余姚、德清一带也生产过漆黑光亮、美观实用的黑釉瓷茶具,其中最流行的是一种鸡头壶,即茶壶的嘴呈鸡头状。日本东京国立博物馆至今还珍藏着一件"天鸡壶",被视作珍宝。在古代,由于黑瓷兔毫茶盏古朴雅致、风格独特,而且瓷质厚重、保温性较好,因此常为斗茶行家所珍爱。

3）漆器茶具

漆器茶具始于清代,主要产于福建省福州市,故称为"双福"茶具,尤以脱胎漆器茶具最为有名。

漆器茶具是采割天然漆树液汁进行炼制,掺进所需色料,制成绚丽夺目的器件,这是我国先人的创造发明之一。尤以清代福建福州制作的脱胎漆器茶具引人瞩目。

脱胎漆茶具通常呈黑色,也有黄棕、棕红、深绿等色,并融书画于一体,包含文化意蕴;且轻巧美观,色泽光亮,明镜照人;又不怕水浸,能耐温、耐酸碱腐蚀。因此,除有实用价值外,还有很高的艺术欣赏价值。

4）玻璃茶具

玻璃茶具素以质地透明，光泽夺目，外形可塑性大，形态各异，品茶饮酒兼用而受人青睐。玻璃茶杯（或玻璃茶壶）泡茶，尤其是冲泡各类名优茶，茶汤的色泽鲜艳，叶芽在冲泡过程中上下浮动，叶片逐渐舒展亭亭玉立，一目了然，可以说有一种动态的艺术美。玻璃茶具价廉物美，最受消费者的欢迎。其缺点是玻璃易碎，比陶瓷烫手。不过也有一种经特殊加工的称为钢化玻璃的制品，其牢固度较好。

5）金属茶具

金属茶具是用金、银、铜、锡制作的茶具，古已有之。尤其是用锡做的贮茶的茶器，具有很大的优越性。锡罐储茶器多制成小口长颈，盖为圆筒状，密封较好，因此防潮、防氧化、避光、防异味性能都好。至于金属作为饮茶用具，一般评价都不高。在唐代宫廷中曾采用。1987 年 5 月，我国陕西省扶风县皇家佛教寺院法门寺的地宫中，发掘出大批唐代宫廷文物，其中有一套晚唐僖宗皇帝李儇少年时使用的银质鎏金烹茶用具，计 11 种共 12 件。这是迄今见到的最高级的古茶具实物，堪称国宝，它反映了唐代皇室饮茶器具的奢华。近年来，因铁壶、银壶烧水可增加水的活性，且保温性好，所以被很多饮茶者选为煮水用具。用金属茶具泡茶被认为会使茶叶"变味走样"，所以较少使用。

6）竹木茶具

在历史上，广大农村，包括茶区，很多人使用竹或木碗泡茶。在我国的南方，如海南等地有用椰壳制作的壶、碗用来泡茶的，既经济而实用，又是艺术欣赏品。竹木质地朴素无华且不导热，用作茶具有保温、不烫手等优点。另外，竹木纹理天然，做出的茶具别具一格，具有一定的观赏性。目前多用于制作茶桌、茶椅、茶盘、茶垫、茶道组合。

7）其他茶具

搪瓷茶具经久耐用，携带方便，实用性强，曾于 20 世纪五六十年代在我国各地较为流行，但以后又为其他茶具所替代。

另外，用玉石、水晶、玛瑙为材料制作的茶具，历史上曾有过，因器材制作困难，价格昂贵，少实用价值，主要是作为摆设，以显示主人的富有，因此并不多见。

3.2.2　茶具的选配

要获取一杯上好的香茗,需要做到茶、水、火、器四者相配,缺一不可。这是因为饮茶器具不仅是饮茶时不可缺少的一种盛器,具有实用性,而且饮茶器具还有助于提高茶叶的色、香、味;同时,一件高雅精美的茶具,本身还具有欣赏价值,富含艺术性。

茶具选配时,要考虑以下因素:

1)选配茶具要因地制宜

我国地域辽阔,各地的饮茶习俗不同,故对茶具的要求也不一样。如福建及广东潮州、汕头一带,习惯于用小杯啜乌龙茶,故选用"烹茶四宝"——潮汕风炉、玉书碨、孟臣罐、若琛瓯,以鉴赏茶的韵味。四川人泡花茶,喜欢用盖碗,盖碗一杯三件,由杯盖、杯身、杯托构成,泡茶品饮时,托杯不烫手、揭盖闻香、观色、赏茶都十分方便,也极有韵味。

2)选配茶具要因人制宜

在古代,不同的人用不同的茶具,这在很大程度上反映了人们的不同社会地位与身份。如历代的文人墨客,都特别强调茶具的"雅"。宋代文豪苏东坡在江苏宜兴讲学时,自己设计了一种提梁式的紫砂壶,"松风竹炉,提壶相呼",独自烹茶品赏。

另外,职业有别、年龄不一、性别不同,对茶具的要求也不一样。如老年人讲求茶的韵味,要求茶叶香高、味浓,重在物质享受,因此,多用茶壶泡茶;年轻人以茶会友,要求茶叶香清味醇,重在精神品赏,因此多用茶杯沏茶。

3)选配茶具要因茶制宜

自古以来,比较讲究品茶艺术的茶人,都注重品茶韵味,崇尚意境高雅,强调"壶添品茗情趣,茶增壶艺价值",认为,好茶好壶,犹似红花绿叶,相映生辉。

一般来说,饮用花茶,为有利于香气的保持,可用壶泡茶,然后斟入瓷杯饮用。饮用大宗红茶和绿茶,为了注重茶的韵味,可选用有盖的壶、杯或碗泡茶;饮用乌龙茶则重在"啜",宜用紫砂茶具泡茶;饮用红碎茶与工夫红茶,可用瓷壶或紫砂壶来泡茶,然后将茶汤倒入白瓷杯中饮用。如是品饮西湖龙井、洞庭碧螺春、君山银针、黄山毛峰等细嫩名优绿茶,除选用玻璃杯冲泡外,也可选用白色瓷杯冲泡饮用。

4)选配茶具要因具制宜

选用茶具,一般要考虑以下 3 个方面:一是要有实用性;二是要有欣赏价值;三是有利于茶性的发挥。

3.2.3 茶具的养护

1)紫砂茶壶的养护

(1)紫砂茶壶的整修

对已购买好的紫砂茶壶来说,它们的式样已经定型,但它的功能是可以通过整修,以符合自己的使用要求。紫砂茶壶的整修十分简单,使用的工具也很简单。一根尖头钻石锉刀、几张粗细不等的砂皮(纸)、一些金刚砂、一块肥皂即可。其整修过程如下:

①检查紫砂壶表面是否有细粒痕,棱角线是否平直等。如果茶具的疤痕明显,可以先用稍粗的砂纸擦拭,再用细砂纸轻拭,使茶具表面或棱角线平滑光洁。

②如果壶盖和口沿不密封。可先在壶盖沿抹些肥皂,再抹上些已加水调匀的金刚砂,最后一手握壶底,一手握壶盖,两者以相反方向轻轻用力来回研磨,直至盖沿与口沿顺畅能禁水为止。

③检查紫砂壶盖钮上的气孔。如气孔太小,或有微粒阻塞,可用锉刀尖头,慢慢挫大挫平。

(2)紫砂茶壶的养护

①新壶的养护。新壶使用前,应用洁净无异味的锅盛上清水,再抓一把茶叶,连同紫砂壶放入锅中一起煮,待水煮沸后,换小火继续煮 0.5 ~ 1 h。须注意的是,锅中茶汤容量不得低于壶面,以防茶壶烧裂。或者等茶汤煮沸后,熄火,将新壶放在茶汤中浸泡 2 h,然后取出茶壶,让其在干燥、通风、无异味的地方自然阴干。用这种方法养壶,可祛除壶中的土味,还有利于壶的滋养。

②旧壶的养护。旧壶在泡茶前,先用沸水冲烫。饮完茶后,将茶渣及时倒掉,并用养壶刷刷去残渣,保持壶内清洁;再用沸水由里到外彻底冲烫;最后,将紫砂壶倒置于干燥、通风、无异味的地方自然阴干,壶盖放于一侧。

这里要特别注意,如果壶内有茶锈,应用沸水冲泡后再用软布慢慢轻拭,切不可用钢丝刷用力刷洗,也不可使用任何洗涤剂。

生活中,有人喜欢将茶及茶汤留在壶内过夜甚至几天,误以为这样可以养壶,其实这样做是不对的,原因有两点:其一,虽茶汤置于紫砂壶内不致酸馊,但并不符合卫生要求;其二,残渣的异味吸附在壶中,无助于茶香、茶味的发挥,反而影响茶的真味。

此外,无论新壶、旧壶都应经常清洁壶面,并握壶于手中把玩、抚摸或用柔软的布料擦拭,这样有利于焕发紫砂泥质的滋润光滑,使手感变得更好。长此以往,更会使品茶者与壶之间产生一种不可名状的情感,以平添品茶的情趣。

总之,对于爱茶者来说,爱壶养壶要做到有六心:爱心、耐心、诚心、恒心、热心、专心。

2)玻璃茶具、瓷茶具的养护

每次使用后,应及时清洁,并用干净的抹布擦拭至透亮,千万不可停留时间太长。由于玻璃器皿通明光洁,任何茶汁吸附之后都很容易看出来,这样会影响饮茶人的心情。如果已经吸附上茶锈,也不可用钢丝刷用力刷洗,以免将茶具表面刷坏和影响光洁度,同时也能避免更容易吸附茶锈。

瓷茶具的护养与玻璃茶具相同。

3)木质茶具的养护

茶具中,木质的茶具有茶船和辅助用具(茶则、茶针、茶匙)等,每次用完之后,一定要清洁干净,并用茶巾擦干,置于通风、干燥处,以免霉变。

3.3　泡茶用水知识

3.3.1　泡茶用水的分类

要泡好一壶茶,既要讲究实用性、科学性,又要讲究艺术性。

泡茶用水可分为三大类:天水、地水、再加工水。

(1)天水

天水类包括雨水、雪水、霜、露水、冰雹等。天水是由大气中的水蒸气凝结降落,一般水质较轻、杂质少,受历代茶人推崇。白居易诗云"融雪煎香茗";辛弃疾词曰"细写茶经煮香雪";元朝刘敏中说"旋扫太初岩顶雪,细烹阳羡贡余茶";而乾隆则更以"遇佳雪每收取,以松实、梅英、佛手烹茶,谓之三清"称之。

(2)地水

地水类包括泉水、溪水、江水、河水、湖水、池水、井水等。陆羽在《茶经》中

提出"其水,用山水上,江水中,井水下"。山泉水最宜泡茶,这不仅因为多数泉水都符合"清、轻、甘、洌、活"的标准,宜于烹茶,更主要的是泉水无论出自名山幽谷,还是平原城郊,都以其汩汩涓涓的风姿和淙淙潺潺的声响引人遐想。泉水可为茶艺平添几分野韵、几分幽玄、几分神秘、几分美感,所以在中国茶艺中十分注重泉水之美。

(3)再加工水

再加工水是指经过工业净化处理的饮用水,包括自来水、"纯净水"、桶装矿泉水以及各种活性水、净化水等五类水。

3.3.2 泡茶用水的选择

古人说:"水为茶之母,器为茶之父",可见水对于茶的重要作用。古人对水的品格一直十分推崇。历代茶人于取水一事颇多讲究。有人取"初雪之水""朝露之水""清风细雨之中的无根之水";有人则于梅林中取花瓣上的积雪,化水后以罐储之,深埋于地下用以来年烹茶。

烹茶用水,古人把它当作专门的学问来研究。明人许次纾在《茶疏》中说:"精茗蕴香,借水而发,无水不可与论茶也。"张大复在《梅花草堂笔谈》中讲得更为透彻:"茶性必发于水,八分之茶,遇十分之水,茶亦十分矣;八分之水,试十分之茶,茶只八分耳。"可见,水质直接影响到茶质,泡茶水质的好坏影响到茶的色、香、味的优劣。古人认为,只有精茶与真水的融合,才是至高的享受,是最高的饮茶境界。

(1)水的理化安全指标

古人对泡茶用水的选择,一是甘而洁,二是活而鲜,三是储水得法。目前,我国对饮用水的水质提出了以下科学的标准:

①感官指标。色度不超过 15 度,浑浊度不超过 5 度,不得有异味、臭味,不得含有肉眼可见物。

②化学指标。pH 值为 6.5~8.5,总硬度不高于 25 度,铁不超过 0.3 mg/L,锰不超过 0.1 mg/L,铜不超过 1.0 mg/L,锌不超过 1.0 mg/L,挥发酚类不超过 0.002 mg/L,阴离子合成洗涤剂不超过 0.3 mg/L。

③毒理指标。氟化物不超过 1.0 mg/L,适宜浓度 0.5~1.0 mg/L,氰化物不超过 0.05 mg/L,砷不超过 0.05 mg/L,镉不超过 0.01 mg/L,铬(六价)不超过 0.05 mg/L,铅不超过 0.05 mg/L。

④细菌指标。细菌总数不超过 100 个/mL,大肠菌群不超过 3 个/L。

以上4个指标,主要是从饮用水最基本的安全和卫生角度考虑,作为泡茶用水,还应考虑各种饮用水内所含的物质成分。

我们使用的水质可以分为硬水和软水,水的硬度(也叫矿化度)是指溶解在水中的钙盐与镁盐含量的多少。含量多的硬度大,反之则小。我们把钙镁离子含量高于 8 mg/L 的水称为硬水,钙镁离子含量低于 8 mg/L 的水称为软水。泡茶用水以软水为宜。井水、河水多属于硬水,但经煮沸后则成为软水,所以现代泡茶用水的选择还是相当丰富的。

(2)泡茶用水的选择

①山泉水。在地水类中,茶人们最钟爱的是泉水。这是因为泉水比较清爽,杂质少,透明度高,污染少,水质最好。但是我们要注意,由于水源和流经途径不同,其溶解物、含盐量与硬度等均有差异,因此并不是所有泉水都是优质的,甚至有的泉水已经失去饮用价值。

②江水、河水、湖水。江、河、湖水属地表水,含杂质较多,浑浊度较高,一般说来,沏茶难以取得较好的效果。但在远离人烟,又是植被生长繁茂之地的江、河、湖水,污染物较少,这样的水仍不失为沏茶好水。如浙江桐庐的富春江水、淳安的千岛湖水、绍兴的鉴湖水就是例证。唐代陆羽在《茶经》中说"其江水,取去人远者",说的就是这个意思。唐代白居易在诗中说"蜀水寄到但惊新,渭水煎来始觉珍",认为渭水煎茶很好。唐代李群玉曰"吴瓯湘水绿花",说湘水煎茶也不差。明代许次纾在《茶疏》中更进一步说:"黄河之水,来自天上。浊者土色,澄之即净,香味自发。"言即使混浊的黄河水,只要经澄清处理,同样也能使茶汤香高味醇。这种情况,古代如此,现代也同样如此。

③雨水、雪水。古人称雨水、雪水为"天泉""天崇""无根之水",立春的雨水得到自然界春始生发万物之气,用于煎茶可补脾益气;梅雨是湿热气被熏蒸后酿成的霏雨,用于煎茶可涤清肠胃的积垢,可增进饮食,精神爽朗;立冬后十日叫入液,到小雪时叫出液,这段时间所下的雨叫液雨,也叫药雨,用于煎茶能消除胸腹胀闷。唐代白居易的"扫雪煎香茗",宋元时谢宗可的"夜扫寒英煮绿尘",都是赞美用雪水泡茶的,而《红楼梦》中妙玉请宝钗、黛玉、宝玉喝茶,所用之水是妙玉"五年前在玄墓蟠香寺收的梅花上的雪……埋在地下,今年夏天才开了"的,曹雪芹可谓把饮用水写到了极致,这样喝茶不仅关乎格调,还是极度奢华的。

可惜,现在因空气污染严重,雨水、雪水也不适合饮用,但如果经过滤净化后,还是不失为很好的泡茶用水。

④自来水。自来水是最常见的生活饮用水,其水源一般来自江、河、湖泊,是属于加工处理后的天然水,为暂时硬水。因其含有用来消毒的氯气等,在水管中

滞留较久,还含有较多的铁质。当水中的铁离子含量超过万分之五时,会使茶汤呈褐色,而氯化物与茶中的多酚类作用,又会使茶汤表面形成一层"锈油",喝起来有苦涩味。所以用自来水沏茶,可以用以下方法处理:

a.过滤法。购置理想的滤水器,将自来水过滤后再来泡茶。

b.静置法。将水先盛在陶缸或无异味、干净的容器中,经过一昼夜的澄净和挥发便可泡茶。

c.煮沸法。自来水煮开后,将壶盖打开,让水中消毒药物的味道挥发,保留无异味水用于泡茶。

⑤矿泉水。我国对饮用天然矿泉水的定义是:从地下深处自然涌出或经人工开发、未受污染的地下矿泉水,含有一定量的矿物盐、微量元素或二氧化碳气体,在通常情况下,其化学成分、流量、水温等动态指标在天然波动范围内相对稳定。矿泉水与纯净水相比,矿泉水含有丰富的锂、锶、锌、溴、碘、硒和偏硅酸等多种微量元素,饮用矿泉水有助于人体对这些微量元素的摄入,并调节肌体的酸碱平衡。但饮用矿泉水应因人而异。由于矿泉水的产地不同,其所含微量元素和矿物质成分也不同,不少矿泉水含有较多的钙、镁、钠等金属离子,是永久性硬水,虽然水中含有丰富的营养物质,但用于泡茶效果并不佳。

目前,市场上所用的桶装矿泉水因矿物质的增加,并不适合泡茶,但如注明水的 pH 值在 7.2 以下的,水质较甘滑,也易于茶性的发挥。

⑥纯净水、蒸馏水。纯净水是用一级或二级反渗透膜法处理后的水。它是通过净化器对自来水进行二次终端过滤处理制得,净化原理和处理工艺一般包括粗滤、活性炭吸附和薄膜过滤等三级系统,能有效地清除自来水管网中的红虫、铁锈、悬浮物等机械成分,降低浊度,达到国家饮用水卫生标准。但是,净水器中的粗滤装置要经常清洗,活性炭也要经常换新;否则,时间一久,净水器内胆易堆积污物,繁殖细菌,形成二次污染。净化水易取得,是经济实惠的优质饮用水,用净化水泡茶,其茶汤品质是相当不错的。

蒸馏水是通过特定蒸馏设备使水汽化,再经冷凝液化收集制得的饮用水。这类水水质纯正,但因处理过程水中对茶有益的矿物质流失,含氧量少,因而泡茶缺乏活性。

3.3.3 名水名泉

自古以来就有"名水名泉衬名茶"之说,杭州有"龙井茶,虎跑水",俗称杭州双绝;"蒙山顶上茶,扬子江心水",闻名遐迩;"狮河中心水,车云山上茶",中原闻名。这些都是名水名泉衬名茶之佐证。

　　由于对泡茶用水的看法和着重点不同，历代茶人对名水名泉的评价也不同，我国泉水资源极为丰富，比较著名的就有百余处之多。其中镇江金山寺的中泠泉、无锡惠山寺的石泉水、杭州的龙井泉、杭州的虎跑泉和济南的趵突泉被称为中国的五大名泉。

　　（1）镇江中泠泉

　　镇江中泠泉被称为扬子江心第一泉。

　　中泠泉即扬子江南零水，又名中零泉、中濡水，意为大江中心处的一股清洌的泉水。在唐代以后的文献中，又多说为中泠水。古书记载，长江之水至江苏丹徒县金山一带分为三泠，有南泠、北泠、中泠之称，其中以中泠泉眼涌水最多，便以中泠泉为其统称。中泠泉位于江苏省镇江市金山寺以西约0.5 km的石弹山下。唐代时，此地处于长江旋涡之中。宋代陆游游金山时留有诗句："铜瓶愁汲中濡水，不见茶山九十翁。"宋初李昉等人所编的《太平广记》一书中，就记载了李德裕曾派人到金山汲取中泠水来煎茶。到明清时，金山已成为旅游胜地，人们来这里游览，自然也要品尝一下这天下第一泉。明代陈继儒《偃曝谈余》记载，因为泉水在江心乱流夹石中，"汲者患之"，但为了满足人们的好奇心，于是寺中僧侣"于山西北下穴一井，以给游客"。

　　清代的张潮亲自去过金山，并和一位姓张的道士深入江心汲中泠水而品之，后来把此番经历写成《中泠泉记》，不仅内容翔实，文笔也洒脱动人。"但觉清香一片从齿颊间沁人心胃，二三盏后，则薰风满面腋，顿觉尘襟涤尽。……味兹泉，则人皆有仙气。"《中泠泉记》是一篇反映古人品茶用水实践的绝好文献。

　　（2）无锡惠山寺石泉水

　　惠山寺，在江苏无锡市西郊惠山山麓锡惠公园内。惠山，一名慧山，又名惠泉山。

　　惠山素有"江南第一山"之誉。无锡惠山，以其名泉佳水著称于天下。最负盛名的是"天下第二泉"。

　　清碧甘洌的惠山寺泉水，从它开凿之初，就同茶人品泉鉴水紧密联系在一起了。在惠山寺二泉池开凿之前或开凿期间，唐代茶人陆羽正在太湖之滨的长城（今浙江长兴县）顾渚山、义兴（今江苏宜兴市）唐贡山等地茶区进行访茶品泉活动，并多次赴无锡，对惠山进行过考察，曾著有《惠山寺记》。

　　惠山泉，自从陆羽品为"天下第二泉"之后，已时越千载，盛名不衰。古往今来，这一泓清泉受到多少帝王将相、骚客文人的青睐，无不以一品二泉之水为快。唐代张又新亦曾步陆羽之后尘前来惠山品评二泉之水。在此前，唐代品泉家刘

伯刍亦曾将惠山泉评为"天下第二泉"。唐武宗会昌(公元814—846年)年间,宰相李德裕住在京城长安,喜饮二泉水,竟然责令地方官吏派人用驿递方法,把三千里外的无锡泉水运去享用。

宋徽宗时,亦将二泉水列为贡品,按时按量送往东京汴梁。清代康熙、乾隆皇帝都曾登临惠山,品尝过二泉水。

至于历代的文人雅士,为二泉赋诗作歌者,则更是不计其数。而在咏茶品泉的诗章中,当首推北宋文学家苏轼了,他在任杭州通判时,于宋神宗熙宁六年(1073年)十一月至七年(1074年)五月,来无锡曾作《惠山谒钱道人烹小龙团登绝顶望太湖》,诗中"独携天上小团月,来试人间第二泉"之浪漫诗句,却独具品泉妙韵,诗人似乎比喻自己已羽化成仙,身携皓月,从天外飞来,与惠山钱道人共品这连浩瀚苍穹也已闻名的人间第二泉。这真可谓咏茶品泉辞章中之千古绝唱了。所以,这辞章为历代茶人墨客称道不已,曾被改写成一些名胜之地茶亭楹联以招游客,品茗赏联,平添无限雅兴。

(3)杭州龙井泉

龙井泉,在浙江杭州市西湖西面风篁岭上,为一裸露型岩溶泉。本名龙泓,又名龙湫,是以泉名井,又以井名村。龙井村是饮誉世界的西湖龙井茶的五大产地之一。而龙泓清泉,历史悠久,相传在三国东吴赤乌年间(公元238—250年)就已发现。此泉由于大旱不涸,古人以为与大海相通,有神龙潜居,所以名其为龙井,又被人们誉为"天下第三泉"。龙井泉旁有龙井寺,建于南唐保大七年(公元949年)。周围有神运石、涤心沼、一片云等诸景庶处,还有龙井、小沧浪、龙井试茗、鸟语泉声等石刻环列于半月形的井泉周围。

龙井泉水出自山岩中,水味甘醇,四时不绝,清如明镜,寒碧异常,如取小棍轻轻搅拨井水,水面上即呈现出一条由外向内旋动的分水线,见者无不称奇。据说,这是泉池中已有的泉水与新涌入的泉水间的比重和流速有差异之故;但也有人认为,是龙泉水表面张力较大所致。

龙井之西是龙井村,满山茶园,盛产西湖龙井,因它具有色翠、香郁、味醇、形美之"四绝"而著称于世。古往今来,多少名人雅士都慕名前来龙井游历,饮茶品泉,留下了许多赞赏龙井泉茶的优美诗篇。

苏东坡曾以"人言山佳水亦佳,下有万古蛟龙潭"的诗句称道龙井的山泉。杭州西湖产茶,自唐代到元代,龙井泉茶日益称著。元代虞集在游龙井的诗中赞美龙井茶道:"烹煎黄金芽,不取谷雨后,同来二三子,三咽不忍漱。"明代田艺蘅在《煮泉小品》中更是高度地评价了龙井泉和茶:"今武林诸泉,唯龙泓入品,而茶亦唯龙泓山为最。又其上为老龙泓,寒碧倍之,其地产茶,为南北绝品。"

（4）杭州虎跑泉

虎跑泉位于西湖之南,大慈山定慧禅寺内,距市区约 5 km。相传,唐代有个叫寰中的高僧住在这里,后因水源缺乏准备迁出。一夜,高僧梦见一神仙告诉他:南岳童子泉,当遣二虎移来。第二天,果真有二虎"跑地作穴",涌出泉水,故名"虎跑"。

虎跑泉是地下水流经岩石的节理和间隙汇成的裂隙泉。它从连一般酸类都不能溶解的石英砂岩中渗透、出露,水质纯净,总矿化度低,放射性稀有元素氡的含量高,是一种适于饮用且具有相当医疗保健功用的优质天然饮用矿泉水,故与龙井茶叶并称"西湖双绝"。不仅如此,虎跑泉水质纯净,表面张力特别大,向储满泉水的碗中逐一投入硬币,只见碗中泉水高出碗口平面达 3 mm 却仍不外溢。

（5）济南趵突泉

济南以"泉城"而闻名,泉水之多可算是全国之最了。平均每秒就有 4 m³ 的泉水涌出来。

趵突泉水从地下石灰岩溶洞中涌出,其最大涌量达到 24 万 m³/日,出露标高可达 26.49 m。水清澈见底,水质清醇甘洌,含菌量极低,经化验符合国家饮用水标准,是理想的天然饮用水,可以直接饮用。"趵突腾空"为明清时济南八景之首。泉水温度一年四季恒定在 18 ℃左右,严冬,水面上水汽袅袅,像一层薄薄的烟雾,一边是泉池幽深、波光粼粼,一边是楼阁彩绘、雕梁画栋,构成了一幅奇妙的人间仙境,当地人称之为"云蒸雾润"。趵突泉水清澈透明,味道甘美,是十分理想的饮用水。相传,乾隆皇帝下江南,出京时带的是北京玉泉水,到济南品尝了趵突泉水后,便立即改带趵突泉水,并封趵突泉为"天下第一泉"。对于天下第一泉的排序,历来争议颇多,人们普遍认为的天下第一泉就有七处,分别是镇江中泠泉、济南趵突泉、北京玉泉、庐山谷帘泉、峨眉山玉液泉、安宁碧玉泉、衡山水帘洞泉。

3.4 茶类冲泡技艺

我国的茶叶产地辽阔,茶叶品种千姿百态,品饮习俗异彩纷呈。本节主要根据国家茶艺师职业资格鉴定技能考试的要求,介绍各种茶类的冲泡要求及冲泡技巧。各校可结合本地实际进行教学和练习。

1）绿茶的冲泡

绿茶为不发酵茶,经杀青、揉捻、干燥而制成,具有清汤绿叶的品质特点。绿

茶是我国茶类中的大家族,我国所有的产茶省区都生产绿茶,又以浙江、安徽、江西、湖南、江苏、四川等省产量最多。其花色品种丰富多彩,因此绿茶的冲泡品饮形式也较为丰富,除了最常用的玻璃杯泡法外,结合茶叶的产地、个性,以及嫩度、外形等基本特征还可以使用盖碗甚至紫砂壶等进行冲泡。

【冲泡技巧】

(1)投茶量

投茶量也就是茶与水的用量比例。实践表明,对于大部分绿茶而言,以每克茶 50 ~ 60 mL 水为好。按"浅茶满酒"的习惯要求,通常一只 200 mL 的玻璃杯,冲上 150 mL 的水,放 3 g 左右的茶就可以了。

(2)水温

冲泡绿茶所用的水温高低,主要与其制作时原料的嫩度、产地有关。

①高档细嫩的名优绿茶,如果用沸水冲泡,会使茶叶及茶汤变黄,茶芽无法直立,维生素等营养物质受到破坏,使茶的清香和鲜爽味减少,观赏性降低。因此,一般采用 80 ~ 85 ℃的水温冲泡,如西湖龙井。

②而对于最细嫩的一部分茶品,诸如特级碧螺春、特级都匀毛尖、特级蒙顶甘露等,用 70 ~ 75 ℃的水温冲泡就可以了。

③另外,绿茶冲泡的水温还与产地有关。云南以大叶种茶为原料生产的各类绿茶,基于大叶种茶本身多酚类较丰富,耐泡、香气滋味浓郁的特点,可用 85 ~ 90 ℃的水温进行冲泡。

(3)浸泡时间与次数

浸泡时间与次数的多少,与冲泡饮用方式有关。若是采用玻璃杯或盖碗直接饮用的话,通常在茶叶浸泡 2 ~ 3 min 后,茶汤稍凉、滋味鲜爽醇和时,即可开始品饮。因为此时茶汤中刚好溶解了大部分维生素、氨基酸、咖啡碱等鲜味物质,此后随着浸泡时间延长,则茶多酚物质会陆续浸出来,鲜爽味会减少,但苦涩物质又相应增加了。

一般来说,对于少数特别细嫩的名优绿茶而言,只能冲泡 2 次左右;大多数绿茶也只能冲泡 2 ~ 3 次;而云南等地以大叶种茶所制作的绿茶耐泡性较强,可冲泡 5 ~ 6 次。

(4)选具

品饮绿茶,人们追求的是色、香、味、形的完整感受,正如前面所提到的,绿茶外形多姿多彩,在水中有的如兰花朵朵,有的如刀枪林立,还有的如群笋破土……使人浮想联翩,得到更多的精神享受。因此,名优绿茶大多可选用玻璃杯进行冲泡,既可观赏到茶叶的美姿美态,而玻璃杯敞口的特点又可使水散热快,不至于烫坏细嫩的茶叶。但选择玻璃杯时,有几点要注意:①杯身最好无花、光滑,便于观赏"茶舞"。②杯子不宜太大,水量多,水温下降慢,易烫伤茶叶,形成"熟汤"味。③杯身不宜过高。若杯身过高,一是散热慢,二是茶叶在其间分布会造成上下两层茶叶间隔过大而不够美观。

除玻璃茶具外,根据个人爱好,也可选择盖碗进行冲泡。可用盖碗直接品饮,也可用盖碗冲泡后分入多个小杯与人共享。其优点是可按冲泡者的要求控制茶叶每一泡的浸出速度,以达到更好地品尝茶汤滋味的层次。

只有极少数的绿茶适合用紫砂壶来冲泡,其代表是浙江的顾渚紫笋,其产地离陶都江苏宜兴很近,当地也产紫砂泥,人们在传统上都有以当地水、当地土(具)泡当地茶的习惯。且经紫笋茶用紫砂壶与玻璃杯同时冲泡实验对比表明,用紫砂壶冲泡的茶叶香气滋味都较玻璃杯冲泡为好。人们说"一方水土养一方人",茶叶也莫不如此。

(5)冲泡方法

绿茶的杯泡方法有上投法、中投法和下投法,大部分茶叶适用中投法。这里着重介绍中投法。方法之一是投茶、润茶,再将水注至七分;方法之二是先注1/3的水,然后投茶,再将水加至七分。其中以方法一最为实用。先让茶叶吸收少量水分便于后面的茶汁浸出,又兼顾了泡茶的水温不会过高。除了适合于上投法和下投法的部分茶叶外,大部分茶叶都适合中投法的方法一。

(6)吊水和凤凰三点头

这两者都是注水的技艺。

吊水,主要目的是降低水温。要求手要稳,水线要细而长,不能时粗时细,更不能洒出杯外。

凤凰三点头,就是在冲泡时持随手泡由低到高连冲3次,并使杯中水量恰好七分满。这种手法的作用有3点:一是使茶叶在杯中上下浮动,如凤凰展翅般优美;二是使茶汤上下左右回旋,茶汤均匀一致;三是表示向客人"三鞠躬",以示对客人的尊重。其要求水流均匀,富有节奏感,且冲泡多杯茶时也要做到杯杯七分满,水量一致。

【冲泡示例】

①备具。选择4只洁净无破损的玻璃杯,杯口向下置茶盘内,成直线状摆在茶盘斜对角线位置(左低右高);茶盘左上方摆放茶荷;中下方置茶巾盘(内置茶巾),茶盘右上方摆放茶匙;右下角放水壶。

②备水。尽可能选用清洁的天然水,煮水至沸腾备用。

③布具。入座后,双手(在泡茶过程中,强调用双手做动作,一则显得稳重,

二则表示敬意)将水壶移到茶盘右侧桌面;将茶荷、茶匙摆放在茶盘后方左侧,茶巾盘放在茶盘后方右侧;将茶荷放到茶盘左侧上方桌面上;用双手按从右到左的顺序将茶杯翻正。

④温杯。依次向杯中冲入少量的水,依次双手持杯清洗杯子内壁。

⑤赏茶。双手将茶荷捧起,请客人欣赏干茶。讲解茶叶的外形特征。

⑥置茶。用茶匙依次将茶叶拨入杯中。每杯用茶叶 2 ~ 3 g。

⑦浸润泡。以回转手法向玻璃杯内注入少量开水(水量为杯子容量的1/4左右),目的是使茶叶充分浸润,促使可溶物质析出。浸润泡时间为 20 ~ 60 s,可视茶叶的紧结程度而定。

⑧摇香。左手托住茶杯杯底,右手轻握杯身基部,运用右手手腕逆时针转动茶杯,左手轻搭杯底作相应运动。此时,杯中茶叶吸水,开始散发出香气;摇毕,可依次奉茶杯给来宾,敬请品评茶之初香;随后,依次收回茶杯。

⑨冲泡。双手取茶巾,斜放在左手手指部位;右手执水壶,左手以茶巾部位托在壶底,双手用凤凰三点头手法,高冲低斟将开水冲入茶杯,应使茶叶上下翻动。不用茶巾时,左手半握拳搭在桌沿,右手执水壶单手用凤凰三点头手法冲泡。这一手法除具有礼仪内涵外,还有利用水的冲力来均匀茶汤浓度的功效。冲泡水量控制在总容量的七成即可,一则避免奉茶时有如履薄冰、战战兢兢的窘态;二则向来有"浅茶满酒"之说,七分茶三分情之意。

⑩奉茶。将泡好的茶依次敬给来宾。这是一个宾主融洽交流的过程,奉茶者行伸掌礼请用茶,接茶者点头微笑表示谢意,或答以伸掌礼。

⑪品饮。双手捧起一杯春茗,观其汤色碧绿清亮,闻其香气清如幽兰;浅啜一口,如温香软玉,深深吸一口气,茶汤由舌尖温至舌根,轻轻的苦、微微的涩,然而细品却似甘露。然后给宾客介绍其内质及品饮感受。

⑫收具、净具。每次冲泡完毕,应将所用茶器具收放原位,将茶壶、茶杯等使用过的器具一一清洗以备使用。

2)乌龙茶(青茶)的冲泡

乌龙茶属半发酵茶,主产于福建、广东、台湾等省,品质各有特色。闽北乌龙,发酵程度较高,主要以武夷岩茶为代表,具有典型的地域特点,带特有"岩韵",香气滋味张扬颇具节奏感。闽南乌龙,最著名的是铁观音,发酵程度较闽北乌龙轻,香气清幽,品饮乌龙,人们追求的是其浓烈馥郁的香气和醇醇的茶汤,故多采用紫砂壶和盖碗进行冲泡。

【冲泡技巧】

（1）投茶量

乌龙茶的品饮注重高香和浓酽的滋味,故投茶量较高,是绿茶红茶的 3 ~ 4 倍。因产地工艺不同,乌龙茶的外形有的颗粒紧结,有的条索紧直,故投茶量从所占冲泡容器的比例上看,外形越粗松的投茶量占主茶具的空间越多;反之,外形越紧结的则占的空间较小。具体说来:

①颗粒形乌龙,也称作球形和半球形乌龙。闽南乌龙和台湾乌龙中的大部分都属颗粒形乌龙,比如闽南的铁观音、本山、毛蟹,台湾的冻顶乌龙、竹山金萱、四季春、木栅铁观音等。颗粒形乌龙大都较为紧结,故投茶量较其他直条形或粗松形茶品要略少。以铁观音为例,其投茶量为冲泡容器的 4 ~ 6 成;珠三角一带饮用的习惯较浓一些,可投到 6 成左右;其他区域消费者的品饮浓度一般来说要相对低些,可投到 4 ~ 5 成。注意,投茶量不可太少,否则就不能够体现茶叶本质个性,失去了品饮的意义。

②细长条索形乌龙,代表茶是广东乌龙中的凤凰单丛和凤凰水仙。广东乌龙条索细长而直,茶与茶之间的空隙较大,故投茶量应占到冲泡容器的 8 ~ 10 成。很多习惯饮广东乌龙的老茶客饮用浓度很高,甚至连投到 10 成也不满足,还会将部分茶叶轻轻压碎一点再冲泡;而这样的浓度对于不常饮用广东乌龙的茶客来说就会觉得较苦涩,甚至会出现"茶醉"现象,所以可以适当减少投茶量,8 成左右即可。

③粗壮条索形乌龙,代表茶为闽北乌龙中的武夷岩茶。它介于前两者之间,条索较广东乌龙要短一些,故投茶量一般在茶具的 6 ~ 8 成。根据个人喜好可适量增减。

（2）水温

乌龙茶品饮重浓酽,因此冲泡温度也较高,基本都适用沸水冲泡,无须降温。但在冲泡中,也要注意保持茶具与叶底的温度,尽量减少泡与泡之间的间隔。

（3）浸泡时间与次数

首先,乌龙与绿茶不同,大部分乌龙都需要快速洗茶,以达到冲泡需要的温度,同时其茶类特点也决定了科学洗茶不会导致大量营养流失。至于浸泡的次数,相对说来乌龙比绿茶要耐泡得多,而越好的茶叶当然也越耐泡(因为本身养分充足,而非刻意加大投茶量),像上好的铁观音和岩茶都能泡 10 泡左右,所以人们也用"十泡有余香"来形容乌龙的耐泡。

①颗粒形乌龙。洗茶后第一泡的浸泡时间要较长一些,因为颗粒的形状与水接触面较小,茶叶不易展开。传统工艺的铁观音及冻顶乌龙的首泡都可

在 1 min 左右,若是发酵较轻的颗粒形乌龙的话,首泡时间就要大大缩短,大概 20 s 就可以了。因此,冲泡前对茶叶的了解很重要,然后就是经验问题,多泡几次就自然明白了。茶叶展开后浸出速度就加快了,所以之后的两泡出汤都要快些,三泡后浸泡时间增加。

②细长条索形乌龙。头两次浸泡都在 15 s 左右就可以了,此后每次的浸泡时间应比上一泡略长,且越往后浸泡时间应越长。

③粗壮条索形乌龙。头三泡浸泡节奏都要快些,但要比细长条索乌龙浸泡时间长一些。

(4)选具

选具的基本原则如下:

①颗粒形乌龙和细长条索形乌龙,适合用小巧肚大的紫砂壶和盖碗来冲泡。

②粗壮条索形乌龙则要大一些的紫砂壶和盖碗才能激发"岩韵"。

③乌龙的品饮较适合用如半个乒乓球大小的白瓷杯,既配合了浓酽的茶汤,也使得茶香更加突出。

以潮汕茶为代表的乌龙茶冲泡常用茶具:

①"茶室四宝",缺一不可。即玉书碨、潮汕炉、孟臣罐、若琛瓯。

玉书碨即烧开水的壶。为赭色薄瓷扁形壶,容水量约为 250 mL。水沸时,盖子"噗噗"作声,如唤人泡茶。现代已经很少再用此壶,一般的茶艺馆,多用宜兴出的稍大一些的紫砂壶,多作南瓜形或东坡提梁壶形。也有用不锈钢壶的,用电,可保温。

潮汕炉是烧开水用的火炉。小巧玲珑,可以调节风量、掌握火力大小,以木炭做燃料,但由于比较麻烦现在使用较少。目前,人们最常使用的主要是随手泡和电磁炉,方便而快捷,却也少些乐趣。随着人们对精神生活重视程度的不断提高,返璞归真的煮水法也受到不少人的青睐,有固体酒精灯加热紫砂壶烧水的,也有无烟炭配铜壶或是陶壶的。

孟臣罐即泡茶的茶壶。为宜兴紫砂壶,以小为贵。孟臣即明末清初时的制壶大师惠孟臣,其制作的小壶非常闻名。壶的大小因人数多少而异,一般都是小容量的壶。

若琛瓯即品茶杯。为白瓷翻口小杯,杯小而浅。

②除了"茶室四宝"这四种必备茶具外,乌龙茶的冲泡中,仍用到其他名目繁多的茶具,简单介绍如下:

茶船和茶盘。茶船形状有盘形、碗形,茶壶置于其中,盛热水时供暖壶烫杯之用,又可用于养壶。茶盘则是托茶壶、茶杯之用。现在常用的是两者合一的茶

盘,即有孔隙的茶盘置于茶船之上。这种茶盘的产生,是因为乌龙茶的冲泡过程较复杂,从开始的烫杯热壶,以及后来每次冲泡均需热水淋壶,双层茶船可使水流到下层,不致弄脏台面。茶盘的质地不一,常用的有紫砂和竹器。

茶海。形状似无柄的敞口茶壶。因乌龙茶的冲泡非常讲究时间,就是几秒、十几秒之差,也会使得茶汤质量大大改变。所以,即使是将茶汤从壶中倒出的短短十几秒时间,开始出来以及最后出来的茶汤浓淡非常不同。为避免浓淡不均,先把茶汤全部倒至茶海中,然后再分至杯中。同时可沉淀茶渣、茶末。现在也常用不锈钢的过滤器置于茶海之上,令茶汤由滤器流入茶海,以滤去茶渣。

闻香杯。闻香之用,细长,是乌龙茶特有的茶具,多用于冲泡台湾高香的乌龙时使用。与饮杯配套,质地相同,加一茶托则为一套闻香组杯。

【冲泡示例】

武夷茶艺的程序有二十七道,合三九之道。二十七道茶艺如下:

恭请上座　客在上位,主人或侍茶者沏茶、把壶斟茶待客。

焚香静气——焚点檀香,营造幽静、平和的气氛。

丝竹和鸣——轻播古典民乐,使品茶者进入品茶的精神境界。

叶嘉酬宾——出示武夷岩茶让客人观赏。"叶嘉"即宋苏东坡用拟人笔法称呼武夷茶之名,意为茶叶嘉美。

活煮山泉——泡茶用山溪泉水为上,用活火煮到初沸为宜。

孟臣沐霖——烫洗茶壶。惠孟臣是明代紫砂壶制作名家,擅长制作小壶,后人用孟臣罐指代紫砂壶。

乌龙入宫——把乌龙茶放入紫砂壶内。

悬壶高冲——把盛开水的长嘴壶提高冲水,高冲可使茶叶翻动。

春风拂面——用壶盖轻轻刮去表面白泡沫,使茶叶清新洁净。

重洗仙颜——用开水浇淋茶壶,既洗净壶外表,又提高壶温。"重洗仙颜"为武夷山一石刻。

若琛出浴——即烫洗茶杯。若琛为清初人,以善制茶杯而出名,后人把名贵茶杯喻为若琛。

玉液回壶——把已泡出的茶水倒出,又转倒入壶,使茶水更为均匀。

关公巡城——依次来回往各杯斟茶水。

韩信点兵——壶中茶水剩下少许时,则往各杯点斟茶水。

三龙护鼎——用拇指、食指扶杯,中指顶杯,此法既稳当又雅观。

鉴赏三色——认真观看茶水在杯里的上、中、下3种颜色。

喜闻幽香——嗅闻岩茶的香味。

初品奇茗——观色、闻香后,开始品茶味。

再斟兰芷——斟第二道茶,"兰芷"泛指岩茶。宋范仲淹诗有"斗茶香兮薄兰芷"之句。

品啜甘露——细致地品尝岩茶,"甘露"指岩茶。

三斟石乳——斟三道茶。"石乳",元代岩茶之名。

领略岩韵——慢慢地领悟岩茶的韵味。

敬献茶点——奉上品茶之点心,一般以咸味为佳,因其不易掩盖茶味。

自斟慢饮——任客人自斟自饮,尝用茶点,进一步领略情趣。

欣赏歌舞——茶歌舞大多取材于武夷茶民的活动。三五朋友品茶则吟诗唱和。

游龙戏水——选一条索紧致的干茶放入杯中,斟满茶水,恍若乌龙在戏水。

尽杯谢茶——起身喝尽杯中之茶,以谢山人栽制佳茗的恩典。

武夷茶艺中便于表演的为18道,即焚香静气、叶嘉酬宾、活煮山泉、孟臣沐霖、乌龙入宫、悬壶高冲、春风拂面、重洗仙颜、若琛出浴、玉液回壶、关公巡城、韩信点兵、三龙护鼎、鉴赏三色、喜闻幽香、初品奇茗、游龙戏水、尽杯谢茶。

3)工夫红茶的冲泡

工夫红茶是我国的特有红茶,也是我国的传统出口商品。我国工夫红茶品类多、产地广。按产地命名的主要有祁红、滇红、宜红、川红、湖红、闽红等。其中以云南省的滇红和安徽省的祁红为好。

滇红工夫茶,属大叶种类型的工夫茶。产于云南省勐海、凤庆、双江、临沧、云县等县,以外形肥硕紧实,金毫显露和香高味浓的品质独树一帜。

【冲泡技巧】

(1)择水和水温

用净水器过滤过的自来水或山泉水。水温在90 ℃左右,即水完全煮沸的前一刻"水花将成圆形"时的热水最合适。如果用持续沸腾的热水来泡茶,茶汤香气低闷、滋味苦涩;若水温太低,则香气不易散发,滋味淡薄。

另外,粗老的红茶水温可稍高,细嫩的红茶水温可稍低。

(2)投茶量和冲水量

用杯泡直接饮用:一般是150 mL水3 g茶。茶水比例是1:50(1 g茶50 mL水)。

用盖碗等茶具分茶汤饮用:一般是50 mL水泡2 g左右茶,或根据客人需要来泡。

如果用作调饮,投茶量则需加大。

（3）浸泡时间

红茶的主要成分要溶于水中,除了水温要达到要求外,还需要掌握恰当的浸泡时间。一般可以焖茶50 s左右。

浸泡时间短,冲入水后马上出汤,汤色浅淡,茶汤淡薄,色香味不佳;浸泡时间过长,汤色深浓,苦涩味重,难以入口。

从外形上来判断,条索紧结的茶浸泡时间稍短,条索松弛的茶浸泡时间要稍长。也可根据客人需求来决定。喜欢喝清淡一点的浸泡时间稍短,喜欢喝浓酽的浸泡时间要稍长。

【冲泡示例】

工夫红茶的盖碗泡法。

（1）备茶

用茶则将适量的茶叶从储茶罐中取出,放到茶荷中备用。

（2）备水

将洁净的冲泡用水加温至90 ℃。自来水可直接将水烧开后稍等一会儿,待降温后使用。

（3）备具

主泡用具需准备一个盖碗、一个公道杯、若干个小品杯。摆放时,盖碗拿底托,放在茶盘下方的中间位置;为了使用方便,公道杯的捏柄一般放在盖碗的左边(若是左手拿泡茶壶冲水,就放在盖碗的右边),以便于向盖碗内冲水;小品杯用杯夹夹至盖碗和公道杯的前方摆开,或一字形,或弧形等你可以想到的形状都可,但不能影响整体美观。另外,还需准备茶巾、茶道组、杯托、奉茶盘等辅助用具。

（4）入座

泡茶虽然讲技巧,但关键是心境。静心调息即排除杂念、调匀呼吸,以愉悦的心情来善待茶。

（5）温杯、洁具

用右手将盖碗的碗盖轻轻提起,搭于底托的边上,提起泡茶壶沿碗边逆时针方向注水,将盖子盖上,左边留一条缝隙,提起盖碗将水倒入公道杯中,左手将公道杯拿起,将水注入小品杯中,烫洗小品杯。

（6）赏茶

双手虎口张开,用拇指和食指卡住茶荷,手臂自然伸直,稍向外倾,自左向右轻盈舒缓地摆动手臂,让宾客观赏到茶荷中的茶叶。

（7）投茶

用茶匙将茶荷中的茶拨入盖碗。

（8）冲泡

将90 ℃左右的沸水，沿碗边逆时针方向注入，水量不宜太多或太少，大约冲至盖碗的8分满，太多则容易烫手，难以操作；太少则汤浓量少，也不易刮沫。

（9）刮沫

红茶中的茶皂素经热水浸泡会在茶汤表面形成白色茶沫，冲水后应提起碗盖，以碗盖边沿接触茶汤表面旋转一圈将茶沫刮掉，然后用水冲洗干净碗盖内壁。

（10）焖茶

浸泡约50 s。

（11）出汤、分茶

轻轻提起碗盖，在盖和碗之间留一条窄缝，然后将茶汤沥入公道杯，再将公道杯中的茶汤分入小品杯中。

（12）奉茶

将小品杯放在杯垫上，双手持杯垫边缘奉茶给宾客。

（13）品茶

红茶汤色红艳明亮；香气似蜜糖香，浓郁高长；滋味醇厚鲜爽。

（14）收具

4）黄茶的冲泡

黄茶属轻发酵茶，基本工艺近似绿茶，但在制茶过程中加以闷黄，因此具有黄汤、黄叶的特点。黄茶的制造历史悠久，有不少名茶都属此类，如君山银针、蒙顶黄芽、北港毛尖、霍山黄芽、温州黄汤等。

【冲泡技巧】

黄茶的冲泡方法与绿茶的冲泡方法有些相似。但黄芽茶大多是以细嫩的茶芽制成，不宜用上投法冲泡，用两段泡法冲泡较好。投茶后，冲入少量的水浸润茶叶，使茶与水充分接触，茶芽吸收了水分才会舒展开，香气和滋味也才能更好地表现出来。

（1）投茶量

黄茶的投茶量与绿茶相同，以每克茶泡50～60 mL水为宜。

（2）水温

由于黄茶与绿茶相比，原料更为细嫩，因此水温较绿茶的低，大约是75 ℃的水温。

（3）浸泡时间

采用玻璃杯冲泡,通常在茶叶浸泡 2 min 后,茶汤稍凉、滋味鲜爽醇和时便可品饮。

（4）选具

黄茶大多数都是历史名茶,茶芽较细嫩,宜选用透明的玻璃杯冲泡,便于观赏黄茶在杯中沉浮的景象。杯子可选择高 15 cm 左右的直杯,以便给茶叶沉浮提供较大的空间。

【冲泡示例】

君山银针泡法。

（1）备茶

准备好冲泡用的茶叶。

（2）备水

将水烧开后凉至所需温度。

（3）备具

准备 3 只洁净的玻璃杯,并摆放好。

（4）行礼

行 90° 真礼,表示对宾客的尊敬。

（5）入座调息

冲泡时,一般采用浅坐的坐姿,坐凳子的 1/2 或 1/3,腰身挺直。这样显得精神饱满。

入座前,需要注意椅凳的高度与桌子的比例。如果坐好以后感觉太高或过矮,会导致操作不便和动作不雅。

（6）赏茶

（7）温杯、洁具

温洗稍高的玻璃杯时可采用滚动法。冲水后,双手捧起杯子,左手自然伸开,掌心向上托住杯身。右手指捏住杯子下部,掌心对杯底,然后以右手手指转动杯子,使杯中的水从转动的杯子边缘缓缓流出,从而起到温洗杯子内壁的作用。

（8）投茶

（9）润茶

（10）冲泡

若水刚刚烧开,采用吊水线的冲水法冲泡,以免水温过高而烫伤茶芽;若水温已凉至泡茶所需温度,可采用凤凰三点头的冲水法冲泡,一来表示对宾客的尊

敬,二来可使茶芽在杯中翻滚,使茶汤浓度上下一致。俗话说:"酒满敬人,茶满欺人",冲水至七分满便可。

(11)奉茶

双手捧起茶杯,一手握杯子七分处,一手托杯子底部,缓缓将茶奉于宾客面前。

(12)品饮

品饮君山银针,且不说品尝其滋味以饱口福,只消观赏一番,也足以引人入胜,神清气爽。透过玻璃杯,可以看到初始芽尖朝上,蒂头下垂而悬浮于水面,随后缓缓降落,竖立于杯底,忽升忽降,蔚成趣观,最多可达 3 次,故有"三起三落"之称。最后竖立于杯底,如刀枪林立,似群笋破土,芽光水色浑然一体,堆绿叠翠,妙趣横生。

(13)收具

5)白茶的冲泡

白茶属微发酵茶,基本工艺是萎凋、干燥。其品质特点是干茶外表满披白色茸毛,色白隐绿,汤色浅淡,味甘醇。白茶是我国的特产,主要产于福建省,品种有银针白毫、白牡丹、贡眉(寿眉)等。冲泡方法与绿茶类似,可用晶莹剔透的玻璃杯冲泡,也可用盖碗来冲泡。

【冲泡技巧】

(1)投茶量

用玻璃杯泡直接饮用:以每克茶泡 50～60 mL 水为好。用盖碗冲泡,因白茶的条索松散,通常是投盖碗的一半或 1/3。

(2)水温

因为白茶的制作工艺不经揉捻,故其茶汁浸出的速度较慢。可用 80 ℃ 左右的水温冲泡。

(3)浸泡时间

白茶的茶汁不易浸出,所以浸泡时间宜较长。

①用玻璃杯冲泡白毫银针时,开始时茶芽浮于水面,浸泡 3 min 左右茶芽一部分沉落杯底,还有一部分悬浮茶汤上部,此时可观赏其在杯中的茶舞,约 5 min 后茶汤泛黄即可饮用。

②用盖碗冲泡白牡丹时,因投茶量较杯泡时大,再加上有盖子,所以 2～3 min 后便可出汤饮用。

【冲泡示例】

白牡丹的泡法。

（1）备茶

用茶荷准备冲泡所用的白牡丹,因白茶不经揉捻,茶叶较松散,故装茶的茶荷最好选口较大的为好,以便于投茶。

（2）备水

将水烧至所需温度。

（3）备具

选用盖碗为主泡用具来冲泡白牡丹。其他用具还有公道杯、品茗杯、杯托、茶巾、茶道组等。

（4）行礼

行礼时,双手虎口相握,掌心向下放于丹田,身体慢慢弯下至90°,再慢慢起来。

（5）入座调息

坐下后,不要马上埋头泡茶,调整一下呼吸,静下心,面带微笑,目视宾客,表示对宾客的尊敬。

（6）赏茶

捧起茶荷从左到右依次给宾客鉴赏干茶。

（7）温杯、洁具

（8）投茶

白茶条索较松散,投茶时可边拨边往上推茶,以免茶叶撒落于盖碗外面。

（9）冲泡

用85 ℃左右的水温冲入盖碗中,茶会浮在上面,用盖子将茶轻轻按下,使茶与水接触,然后盖上盖子,浸泡1 min左右。

（10）出汤分茶

（11）奉茶

奉茶时,应继承中华民族的传统美德,先奉给年长者。

（12）品饮

在炎热的夏天,静静地品一杯白牡丹,观其茶汤,杏黄明亮;闻其香气,既有绿茶的清馨,又略带红茶的甜美,令人神清气爽;啜上一口,更是鲜醇甘甜,回味无穷。

（13）收具

6）花茶的冲泡

花茶是我国生产量较大的再加工茶,饮用人群遍及各地,尤以北方地区为多。南方的四川和重庆也普遍喜欢饮用花茶。北方喜欢用白瓷盖杯冲泡,南方

喜欢用盖碗冲泡后直接品饮。

【冲泡技巧】

（1）投茶量

花茶的投茶量与绿茶相同,以每克茶泡 50～60 mL 水为宜。因盖碗容量较小,所以选用盖碗冲泡时投茶 2 g 即可。

（2）水温

花茶的水温是由它的茶坯决定的。茶坯不同,水温也有所不同。绿茶茶坯,用冲泡绿茶的水温;红茶茶坯,就用冲泡红茶的水温。其余品种,则依此类推。

由于花茶的茶坯大多是烘青绿茶,因此水温与绿茶一致,大约是 85～90 ℃左右的水温。

（3）浸泡时间

采用盖碗冲泡,通常在茶叶浸泡 1 min 左右后,茶汤稍凉时便可品饮。

（4）选具

花茶重在领略它的香气,因此一般都选用反碟式盖的盖碗为好。但如果所用的茶坯是龙井、大方、毛峰等特种绿茶做茶坯窨制的花茶,就需用透明加盖的玻璃茶具冲泡,既可观赏茶芽在水中的"茶舞",又可领略茉莉花的芬芳。

选用盖碗冲泡时,应根据人数准备相应数量的盖碗。

【冲泡示例】

茉莉花茶泡法。

（1）备茶

在茶荷内准备适量的茉莉花茶。

（2）备水

将水烧开待用。

（3）备具

准备好盖碗(盖子均朝上翻,边上留一细缝)、茶道组、茶巾、水盂、奉茶盘等。

盖碗的摆放首先要实用,不影响操作;其次是要美观。

（4）行礼

（5）入座调息

（6）赏茶

（7）温杯、洁具

冲泡花茶一定要把盖碗的盖子温热,这样有助于花茶香气的集中。提壶将水冲到盖子上,再慢慢流到碗里。右手用茶针按住盖子一边,向下向外推,左手扶住盖扭将盖子翻过来,右手将茶针轻轻抽出。提起盖碗将水直接倒入水盂。

（8）投茶

先依次将盖碗的盖揭开搭在杯托上,然后将茶叶逐一拨入碗中。

（9）浸润泡

冲入少量热水,淹没茶叶即可。

（10）摇香

左手端起杯托,右手扶住盖钮,轻轻摇动盖碗,让茶叶充分吸收水分和热气。

（11）冲水浸泡

为防止香气丧失,冲水时以左手揭开盖,右手提壶冲水。水量达到要求后立即盖上盖。

（12）奉茶

双手端杯托边缘奉茶给宾客并伸手示意,请客人喝茶。

（13）品饮

品饮花茶时,用左手持杯托端起茶碗,右手捏盖钮轻轻提起盖,凑近鼻端嗅闻茶香,享受花茶带来的自然芬芳的气息。再用盖子边缘轻轻拨动茶汤,观赏汤色,随后就可以品饮茶汤,咀嚼滋味了。

品饮时,男女有别。女性用左手端起盖碗,右手提起盖靠近碗口再品饮,尽显女性的优雅;男性轻移盖子,留一条缝隙,用右手提起茶碗品饮,表现男性的豪气。

（14）收具

7）普洱茶冲泡

随着人们对普洱茶的日渐钟爱,关于它的冲泡方法也成为人们经常讨论的话题。其实普洱茶并不难冲泡,因为它的冲泡和其他任何茶类一样,都离不开基本要素——择水、选具,以及确定投茶量、水温和浸泡时间。但要能真正泡好,体现出各款普洱茶的真性至味来,那的确不是件易事,其原因全在于普洱茶的独特性。

那么,想冲泡好普洱茶,该怎样入手? 要注意些什么? 有何章法可寻?

【冲泡技巧】

第一步,身份识别:

以一块七子饼为例,首先看它所具有的外包装,从支飞、筒飞到棉纸、内飞,这些可以表明生产厂家、原料产地、出厂日期等方面的信息。自 1976 年起,为出口需要,饼茶往往有一个唛号,该唛号不仅有出产地(尾号 1 代表昆明,2 代表勐海,3 代表下关,4 代表普洱),还对茶品品级、用料规格提供了一个参考。比如唛

号为 7542 的青饼,是指由勐海茶厂出品,自 1975 年开始定型生产,茶叶主级别为 4 级的茶品。

提取茶品的有效身份信息,可以为茶叶的冲泡提供一种依据,同时还能供日后碰见类似茶品参照。

第二步,外形评定:

对于普洱茶的外形评定,就是通过看(外观)、闻(香气)、捏(松紧)等手段,对茶品进行初步的评定。一般要进行以下几个方面的评定:

(1)新、老、生、熟的评定

普洱茶分为普洱茶生茶和普洱茶熟茶。生活中,人们还按储存时间的长短把普洱茶分为"新茶"和"老茶"。习惯上,把刚出厂的茶称为"新茶",而把经过长时间储存或自然发酵的茶称为"老茶"。

冲泡储存时间短的生茶时水温要略低,出汤要快。冲泡的关键在于把握好其原料特征,如茶树品种、茶区特点、树龄、生态等。原则上,滋味浓强者,水温略低,浸泡时间要短;而滋味清淡者,则相反。

冲泡熟茶时,通过高温洗茶去杂味后要略降温冲饮,冲泡节奏略快,以避免苦涩味和"酱汤"状。

"老茶"一般要求高温醒茶、高温冲泡。有的老茶因储存不当而杂有异味,可以通过高温和多次洗茶来尽量排除,选用紫砂壶冲泡也能有很好的修正作用。

(2)条索的松紧重实程度的评定

一般而言,较紧结重实的茶投茶量要较小,而冲泡水温略高,水温高以充分醒茶。由于紧结茶一散开,溶解速度就会很快,因此投茶量相对要少。对于储存时间长而又紧结重实的茶要注意控制冲泡的节奏,通常是"前紧后松",洗茶慢,出汤快,经过出汤较快的数泡之后,就放缓节奏。

(3)粗老、细嫩程度的评定

较细嫩的普洱(如宫廷普洱)不耐泡,多可用"留根冲泡法",即每泡茶汤不尽出,以保持其稳定性;水温也要适当控制,避免"煮茶",尤其要杜绝高温、多次、长时间洗茶而导致茶内有效成分的流失,失去品味和饮用价值。

粗老茶因内含物减少,则要大大增加投茶量,延长冲泡时间,采用高温冲泡,甚至煮饮。

(4)发酵程度的评定

发酵过度的茶叶滋味淡,需用沸水冲泡,并延长浸泡时间;反之则出汤要快,否则就浓如酱油难以入口。

（5）匀齐整碎度的评定

茶叶较碎,其浸出物溶解也快,出汤相对地要快。

（6）储存情况的评定

原料好、加工好、储存好的茶品是最好冲泡的。若储存中略有问题,如稍有杂味,则可适当增加洗茶次数;若是茶品因储存不当发生了变质,也就不具备品饮的价值了。

第三步,备茶:

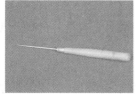

图3.1　细锥

（1）方法一:现开现喝

对于紧压茶而言,大部分人习惯于现开现喝。这样很方便,也可以尽量保持茶品形状方面的较完整信息。解茶的技巧在于避免硬撬,要从边缘松散处入手,减少断碎茶的产生,也减少在干茶上留下横七竖八的划痕。目前,最常用的开茶用具为细锥（见图3.1）。细锥能最大限度地减少茶叶的断碎,但细锥很尖锐,使用不当容易戳伤,使用时要谨慎。

（2）方法二:一次解散

一次解散后放入储茶罐储存,便于使用。一般来说,陈年普洱以及香气较高的茶较适合用瓷罐醒茶（见图3.2）,新茶及香气较低沉的茶则适合用紫砂罐醒茶（见图3.3）。

图3.2　瓷罐

图3.3　紫砂罐

紧茶:由于紧压茶各个部位的陈化速度不同,采用现开现喝的方法就可能出现茶汤滋味单一和不稳定的情况,因此也可以先将紧压茶解散混合储存一段时间,使其陈化更为均匀后再冲泡。

散茶:在储存运输过程中,未达到足够数量的散茶往往用塑料袋包装,会对其后发酵产生影响。此外,茶叶在储存中也常会吸收其他气味。这样就需要将其换置到一个更好的环境中,才能释放其韵味。

（3）方法三：蒸

蒸适用于压制特别紧的青沱。将其放入干净无异味的竹木小甑子内蒸至略松软，用干净棉布包裹，撮散，晾干，放入紫砂罐或瓷罐中待用即可。

第四步，选水：

冲泡茶品离不开水，水为茶体，精茗蕴香，借水而发。"茶性必发于水"，水质好坏与否，在很大程度上决定了茶汤品质高低，"八分之水试十分之茶，茶只八分耳"。古人十分讲究用水，为追求茶的最高境界，不惜求尽天下名水，并留给我们后人用水五字真言："清、活、轻、甘、冽"。

总之，没有好水是泡不好普洱的，这或许就是你总不如别人泡得好的原因所在。如何选水，读者朋友们只有多泡、多品、多比较。

第五步，选具：

冲泡普洱茶，用紫砂壶或盖碗均可，而以宽者优，因宽水更醒普洱，更孕陈香之故。

紫砂壶（见图3.4）因其特有的保温性、透气性、吸附性使茶汤更为醇和顺滑，备受茶友推崇，冲泡老茶最为适宜。

用盖碗（见图3.5）冲泡，不失真，不走味，原汁原味，能突出茶汤之优缺点。

另外，还需要玻璃公道杯（见图3.6）一个，用以展示和欣赏普洱千变万化的茶汤之美。

图3.4　紫砂壶　　　　图3.5　盖碗　　　　图3.6　玻璃公道杯

茶具中当然少不了品茗杯了。市面上有各式各样的品茗杯，陶瓷的、紫砂的（见图3.7）、玻璃的（见图3.8），有大如碗的，有小如桃核的。从实践经验来看，普洱生茶适于选择上釉工艺好的瓷碗，因为这类茶碗盛装高品质茶汤留香好，品饮茶汤后可嗅闻碗中的茶香，体会普洱茶丰富多彩的茶香。而普洱熟茶可选择晶莹剔透的玻璃茶碗，充分感受熟茶汤色的迷人魅力。当然，内胎为白瓷的大品杯是个不错的选择，普洱的品饮注重茶汤的顺、滑、醇、甜，所以不妨稍大口地品饮，同时白瓷杯也利于衬托汤色，便于观赏。其余冲泡的辅助用具如杯垫、杯夹、茶则等就随个人的喜好了。

图 3.7 瓷质品茗杯

图 3.8 玻璃品茗杯

需要注意的是:对于不熟悉的茶,建议选择盖碗冲泡。盖碗冲泡可真实地体现茶品的优缺点。而当你发觉所泡茶品是劣质、变质的,盖碗不吸味、不吸水的特性也让你不必担心茶具被"污染"。

第六步,冲泡:

①投茶量。可根据饮者的饮茶习惯、饮者人数、冲泡用具大小等因素来确定。一般而言,生茶较熟茶少,新茶较老茶少,细嫩者较粗老者少。对于特别粗老的茶,投茶量是要大大增加的。

②洗茶。普洱茶应该有洗茶程序。首先,干茶无论是散茶还是紧压茶,都可能有不同的紧结程度,甚至结块,第一步的洗茶(温润泡程序)有助于茶叶均匀舒展,更好发挥茶性。其次,由于普洱茶加工制作要经过很多环节,难免沾染上一些灰尘或杂质,洗茶是必要的。再者,对于老茶,由于储存时间长,洗茶尤不可少。更为重要的是,通过洗茶,可更进一步真切而准确地了解茶品。

洗茶总原则是透出茶香。以高温水注入,略闷后出汤,洗茶水一出,便揭盖闻香,茶香不出,以及茶香不正的,就继续洗茶程序;茶香一出,洗茶程序即告结束,切不可一洗再洗。

③水温。冲泡普洱茶的水温要高,一般情况可直接用沸水冲泡,针对具体茶品以各地沸点为基准进行调节。

选料细嫩的茶品(如宫廷普洱),90 ℃左右即可,可通过吊水的手法适当降温冲泡;特细嫩者,水温还要略低些。

陈年普洱需要高温冲泡,沸水温壶及壶外加温都可有效提高冲泡温度。也有特例:有些陈年普洱,通过 80 ℃左右的水温较长时间浸泡,茶汤也显得相当醇和。这种方法适合于香气略逊,但茶味纯正的普洱。

每一泡对水温的控制把握,也要根据茶的内质感觉而细微调整。比如,叶底不均有花杂、出汤特别快、茶汤较浓的,在后续冲泡时都可稍降一点温。

粗老茶可用煮茶法,洗茶后沸煮 1 min 左右,若滋味还较足可再煮一至两次。

④冲泡节奏。冲泡节奏指浸泡时间和冲泡频率。除去冲泡环境、饮者人数等外部因素,冲泡的节奏要根据茶品品质来决定。比如:陈年好普洱,应加快冲泡频率以保持壶内高温;香气好而浸出慢的茶品,应略增加浸泡时间并舒缓频率。

第七步,选择恰当的冲泡技巧:

①滗干泡法。也就是类似乌龙茶的泡法,每泡茶汤尽出,不留茶根。这样泡的特点是,可以很好地欣赏一道茶的变化,看是否耐泡,体验每一泡茶汤不同的汤色、香气、滋味等的变化。

②留根泡法。即洗茶后自始至终将泡开的茶汤留一部分在茶壶里,不把茶汤倒干。一般采取"留二出八"或"留半出半"。每次出汤后再注水,直到茶味变淡。此时,可长时间闷泡。留根闷泡法能调节从始至终的茶汤滋味,使其每一泡的变化不那么突兀。

③煮泡法。这种泡法适用于选取料较粗老的茶品,例如,经过轻度潮水工艺的粗老茶。煮泡法若用西式玻璃器皿,既可以看到水滚茶漂的动感画面,也可以欣赏茶汤的色彩如何一丝一缕沁润开来的过程,可以增加不少乐趣。若采用带有少数民族色彩的陶器那又是另一番风味了。

④特殊冲泡法。有些高香而浸出慢的茶品冲泡很特别:以高温快速洗茶一道,第一泡略闷,结合"留根泡法",后续冲泡则快进快出。

⑤修正法。稍有杂味而内质较好的老茶品,洗茶及前两泡可以高温处理,后续冲泡则以大幅降温闷泡处理;香气、汤色不足的新茶品,洗茶高温略闷,冲饮时高温而节奏加快。

虽然普洱茶的冲泡富于变化,但对于泡茶人来说,最好的技艺都是建立在对茶叶了解的基础上。

【冲泡示例】

普洱茶散茶泡法。

①备茶。在茶荷内准备适量的普洱茶散茶。

②备水。将水烧开待用。

③备具。准备好紫砂壶、玻璃公道杯、茶道组、茶巾、水盂、奉茶盘等。

④行礼。

⑤入座调息。

⑥赏茶。

⑦温杯洁具。

⑧投茶。普洱茶的投茶量一般为 5~8 g。

⑨洗茶。普洱茶洗茶时,用水量宜多一些,可起到醒茶的作用。待浸润茶叶后,将水倒出。

⑩冲泡。

⑪分茶。将茶汤倒入玻璃公道杯。

⑫观赏茶汤。双手端起公道杯,观赏茶汤的色泽和净度。

⑬奉茶。

⑭品饮。

⑮收具。

本章小结

本章共有4个方面的内容:茶艺要素、茶具知识、泡茶用水知识和茶类冲泡技艺。其中心是讲与茶叶冲泡相关的知识。在掌握基本知识的基础上,重点练习各茶类的冲泡技艺,要求做到动作连贯、操作程序正确、茶汤合乎要求。由于茶叶品种多样,各地饮茶习惯和个人品茶差异不同,对茶叶的冲泡、茶具及用水都有不同,只有多学、多了解、多实践才能提高技艺,满足不同品饮者的需求。

【知识链接】

中级茶艺师鉴定技能考试程序

(一)考前准备

(1)整理服饰,检查仪容、仪表,保持良好的精神面貌。

(2)调整心态,以积极的心态对待考试。

(二)操作流程

(1)抽取茶签,选茶,验茶。

(2)选具,备具,备水。

(3)行礼,入座。

(4)冲泡。

(5)奉茶。

(6)品饮。

(7)收具。

(8)行礼,结束。

(三)考后事宜

清洗茶具后放回原位。

中级茶艺师操作技能考核评分记录参照表

序号	鉴定内容	考核要点	配分	考核评分的扣分标准	得分
1	茶类认识	能清楚认识六大茶类的基本分类及代表性茶种,准确选出所考的茶叶品种	30	原则上所考茶类挑选错误扣30分,考生选错茶样后,经考评员提示可继续参加考试	
2	茶具选择	茶具配套齐全、茶具配套艺术	10	茶具与所考茶样搭配错乱,扣1~5分; 茶具配套不齐全,色泽、大小欠艺术,扣1~5分	
3	仪表及礼仪	①仪表端庄; ②走、站、坐姿大方得体; ③自我介绍注重礼仪表现	10	仪容仪表有失礼仪,扣1~5分; 行为举止不规范,扣1~5分	
4	茶艺解说	①熟悉完整介绍茶艺程序内容; ②准确到位介绍所考茶叶的品质特征及产地特点	10	介绍茶艺程序不完整,语言表达差,扣1~3分; 介绍茶类知识内容欠详,语言平淡,扣1~7分	
5	冲泡技能及要领	①能合理掌握投茶量、水温、冲泡时间冲泡茶叶; ②能娴熟、自然并按一定规范的程序冲泡茶叶; ③每个程序动作到位,有创意,且表达意思明确	30	①不能掌握茶艺相关要素扣1~5分; ②不能连贯地冲泡茶叶扣1~10分; ③冲泡程序严重有误扣1~10分; ④动作缺乏美感扣1~5分	
6	茶汤品质	能把握冲泡茶样的茶汤品质	10	①不能准确鉴评茶汤品质,扣1~5分; ②茶汤品质不佳,扣1~5分	

练习

1. 选择题。

(1)潮汕和漳泉地区流行的茶艺是(　　)。

A. 黑茶茶艺　　B. 茉莉花茶艺　　C. 红茶茶艺　　D. 乌龙茶艺

(2)泡茶和饮茶是(　　)的主要内容。

A. 茶道　　　　B. 茶仪　　　　C. 茶艺　　　　D. 茶宴

(3)红茶、绿茶、乌龙茶的香气主要特点是:红茶(　　),绿茶板栗香,乌龙茶花香。

A. 甜香　　　　B. 熟香　　　　C. 清香　　　　D. 花香

(4)(　　)又称"三才碗",蕴含"天盖之,地载之,人育之"的道理。

A. 兔毫盏　　　B. 玉书煨　　　C. 盖碗　　　　D. 茶荷

(5)瓷器茶具按色泽不同可分为(　　)茶具等。

A. 白瓷、青瓷和彩瓷　　　　　B. 白瓷、青瓷和黑瓷

C. 玉瓷、青瓷和彩瓷　　　　　D. 白瓷、青瓷和红瓷

(6)(　　)瓷器素有"薄如纸,白如玉,明如镜,声如磬"的美誉。

A. 福建德化　　B. 湖南长沙　　C. 浙江龙泉　　D. 江西景德镇

(7)(　　)是中国"五大名泉"之一。

A. 庐山玉帘泉　　B. 济南趵突泉　　C. 杭州六一泉　　D. 苏州白云泉

(8)城市茶艺馆泡茶用水可选择(　　)。

A. 纯净水　　　B. 鱼塘水　　　C. 消防水　　　D. 自来水

(9)要泡好一壶茶,需要掌握茶艺的(　　)要素。

A. 七　　　　　B. 六　　　　　C. 五　　　　　D. 三

(10)由于舌头各部位的味蕾对不同滋味的感受不一样,在品茶汤滋味时,应(　　),才能充分感受茶中的甜、酸、鲜、苦、涩味。

A. 含在口中不要急于吞下

B. 将茶汤在口中停留、与舌的各部位打转后

C. 立即咽下

D. 小口慢吞

2. 判断题。

(1)金属茶具按质地不同可分为:金银茶具、锡茶具、镶锡茶具、铜茶具、景泰蓝茶具、不锈钢茶具等。(　　)

（2）历史上第一个留下名字的壶艺家供春的代表作品是树瘤壶。（　　）

（3）雨水和雪水是比较纯净的,历来被用于煮茶,特别是雪水。（　　）

3.思考题。

（1）紫砂壶泡茶具有隔夜不酸馊的特点,而养壶之一是用茶汤多滋润,但为什么养壶不能将茶或茶汁长时间浸泡于壶中?

（2）紫砂壶应如何养护?

（3）如何选择泡茶用水?

（4）中国五大名泉指哪五处泉水? 各在什么地方?

教学实践

（1）冲泡六大茶类中有代表性的茶品。注意投茶量、水温和浸泡时间三要素的要求。

（2）熟悉茶具的选用原则,能做到选具正确、使用熟练、动作美观大方,合乎规范。

（3）请用红茶、牛奶、糖或红茶、柠檬片、糖调制奶茶和柠檬茶。

（4）请将自来水煮沸后直接冲泡绿茶,再将自来水以静置法处理煮沸后冲泡绿茶进行比较。

【案例分析】

李先生是某公司销售部的经理,因工作关系常带客户到公司附近的一家茶楼喝茶。一天,李先生和客户又来到茶楼,服务员小张热情主动地接待了他们。当客人分别点了茶后,小张很快就将茶水端上了桌,李先生非常满意。可是李先生的客人喝了第一口茶后,却皱了皱眉头对小张说:"这茶叶太少了,都没什么茶味道,再多加点茶叶吧!"小张立刻微笑着说:"每杯茶叶的用量我们都是按标准事先准备好的,怎么会没有茶味呢?"客人立刻不高兴地说:"我说没有就是没有嘛,多加的茶叶我多给钱总行了吧!"小张一下愣住了。

请问,服务员小张的问题出在哪里? 应该怎样为此类客人服务?

茶艺表演基础知识

【本章导读】

茶艺是生活的艺术,不仅可以在日常生活中冲泡和品饮,还可以作为一种独立的表演形式搬上艺术的舞台,成为展示和传承中国传统文化的重要手段。要使自己的茶艺技艺及茶艺理念达到舞台表演的水平,我们必须掌握茶艺表演的各项要求并学会围绕主题进行茶席设计和茶艺表演策划。

【关键词汇】

茶艺表演　茶席设计　茶艺表演策划

【问题导入】

某茶城筹办开业庆祝活动时,计划举办一次大型茶艺表演活动。某茶业公司接到活动通知后积极准备,组织茶艺表演队进行排练,希望通过活动宣传企业,促进产品销售。活动如期举行,该公司表演队在表演开始后不厌其烦地介绍各种茶具及用途,结果引来观众的一片嘘声。表演虽然勉强完成,可预期的宣传效果呢? 可能是无法实现了。

为什么会出现这个结果,有人说是因为时间没安排好;有人说观众素质差;还有人说是计划欠周详。聪明的读者不妨发表一下自己的看法。

4.1　茶艺表演的内涵及类型

4.1.1　茶艺表演的内涵

1)茶艺表演的形成和发展

茶艺表演也称为茶道表演或表演型茶艺,是指不同于日常生活中的茶叶冲泡和品饮,侧重表演性和观赏性的茶事活动。

茶艺表演并不是与茶叶的利用同时出现的。只有当人们在喝茶解渴的过程中,将冲泡、品饮过程与人们的精神理念结合起来,并通过一定的艺术形式表现出来,茶艺的产生才成为可能。我国封建时代的唐、宋、明、清时期是茶艺表演的形成和发展时期,而当代社会则是茶艺表演的鼎盛时期。

茶艺表演的历史可以追溯到唐代。陆羽在总结前人的经验并结合自己的实践经验基础上,在他所著的《茶经》一书中对茶叶的加工、茶具和泡茶用水的选择、烹煮程序、茶汤品质等方面提出具体要求,使冲泡和品饮形成了有固定标准的程式,为表演提供了必要的条件。陆羽与同时代的常伯熊就曾经进行过表演。

唐代封演《封氏闻见记》卷六记载:"楚人陆鸿渐为茶论,说茶之功效,并煎茶、炙茶之法。造茶具二十四事,以都统笼贮之。远近倾慕,好事者家藏一副。有常伯熊者,又因鸿渐之论而广润色之,于是茶道大行,王公朝士无不饮者。御史大夫李季卿宣慰江南,至临淮县馆,或言伯熊善茶者,李公请为之。伯熊著黄被衫、乌纱帽,手执茶器,口通茶名,区分指点,左右刮目。茶熟,李公为啜两杯而止。既到江外,又言鸿渐能茶者,李公复请为之。鸿渐身衣野服,随茶具而入。既坐,教摊如伯熊故事,李公心鄙之。茶毕,命奴子取钱三十文酬煎茶博士。"

从这条记载可以看出,早在唐代,茶艺的基本程式已经形成,并且可以在客人面前进行表演。常伯熊在表演茶艺时已经有一定的服饰、程式、讲解,具有一定的艺术性和观赏性。

宋代在制茶工艺和冲泡品饮上有了发展,点茶法更注重操作的技艺与茶汤的美观。由点茶法衍生形成的斗茶更是成为一种表演性较强的茶叶冲泡技艺。

在斗茶盛行的同时,宋代还流行一种泡茶游戏——分茶,也叫"茶百戏"。宋代诗人杨万里的《澹庵坐上观显上人分茶》一诗就是观看分茶的感受。宋初陶谷在《清异记》中记载有两段文字:

"沙门福全能注汤幻茶,成诗一句,并点四碗,泛乎汤表。檀越日造门求观汤戏。"

"茶自唐始盛,近世有下汤运匙,别施妙诀,使茶纹水脉成物象者,禽兽虫鱼花草之属,纤巧如画,但须臾就散灭。此茶之变也,时人谓之茶百戏。"

由此可见,宋代的茶叶冲泡已经和书法、诗歌等艺术形式相结合,达到了较高的艺术境界,具有很强的表演性、观赏性和娱乐性。

至此,茶叶的冲泡和品饮不再是单一的品饮活动,而是多种艺术形式的综合,这使饮茶由满足生理上解渴的需求上升为一种追求生活艺术化,实现精神愉悦和心灵慰藉的精神活动。

明、清时期在加工方法和品饮方法上发生了重大变革,散茶替代了饼茶并逐步形成了六大茶类。瀹饮法取代了唐、宋的烹点法,冲泡用具随之产生变化,瓷器茶盏更加精美,紫砂壶出现并受到广泛喜爱。冲泡程序逐步简化,茶艺更加普及化,更加注重茶叶色、香、味带给人的心理感受。明代宁王朱权在其《茶谱》一书中就专门记载有类似今天茶艺表演的冲泡程序。清代,六大茶类形成,出现了各具茶类特点和地域特点的特色茶艺。如潮汕工夫茶茶艺就是艺术性和观赏性较强的茶艺表演,至今仍活跃在茶艺表演的舞台,焕发着恒久的艺术魅力。

当代是茶产业和茶文化发展的鼎盛时期,随着人们物质生活和精神文化生活水平的不断提高,各地在挖掘、整理、创新传统茶艺、民族茶艺方面做了很多工作,使茶艺表演舞台呈现出百花齐放的可喜局面。作为中华民族传统文化中的精华,当代的茶艺表演不仅成为传承传统文化的一种途径,而且因其与时代特点紧密结合,受到越来越多的老、中、青、少各个年龄段人们的喜爱,茶艺培训如火如荼,茶艺表演、茶艺大赛频频举办,当代茶艺表演呈现出前所未有的大好局面。

2)茶艺表演的内涵及特点

茶艺表演是中华民族在长期的生活实践中形成的一门综合性艺术,是指以茶叶的冲泡和品饮技艺为主要表演手段,借助舞台表演艺术的形式,通过展示茶文化内涵与艺术感染力使人得到熏陶和启示的艺术形式。

为便于了解茶艺表演的内涵,我们将其特点归纳如下:

(1)茶艺表演是民族文化和民族精神的载体

茶艺表演反映了中华民族的生活形态和精神追求,是我们继承和发扬中华民族传统文化的最佳途径。这就要求我们在学习的过程中积极领悟其中所蕴含的民族文化和民族精神,而不是机械地学习动作和神态。只有理解并领会了茶艺表演中所蕴含的民族文化和民族精神,我们的表演才会是具有灵魂的艺术表演,也才能以其独有的文化和精神内涵吸引观众、打动观众、感染观众。

(2)茶叶的冲泡和品饮技艺是茶艺表演的主要表演手段

茶叶的冲泡和品饮技艺是茶艺表演有别于其他表演形式的重要特征。既然称为"表演",要求遵循两个原则:一是合理,即合乎冲泡和品饮的科学原理;二是美观,具有可观赏性。作为舞台表演艺术,茶艺表演允许在动作上有艺术性的夸张,但这种夸张不是违背以上原则的恣意妄为,更不能以配合茶艺表演的音乐、舞蹈为主体,忽视茶叶的冲泡和品饮,将茶艺表演演变成某种乐器的演奏或舞蹈表演。

(3)舞台表演艺术形式是茶艺表演的主要形式

作为舞台表演艺术形式,茶艺表演涉及主题、人物、服饰、道具、音乐、灯光、讲解等要素,表演中要把这些要素协调统一起来,做到主题突出,人物安排合理,

服饰、道具、音乐、灯光协调一致,讲解恰当得体。

（4）展示茶文化内涵与艺术感染力是茶艺表演的目的

在茶艺表演中,茶是表演的核心,其他要素都是围绕茶来进行的。通过表演或授人以知识;或启发人的思维;或展示民族茶艺的丰富多彩;或反映茶文化的博大精深。总之,要让人在观看的过程中得到心灵的愉悦与精神的享受。如果忽略了茶以及茶文化的内涵,茶艺表演只是一种假借了茶艺之名的演出,与茶艺表演并没有本质上的联系。

3）茶艺表演的构成

茶艺表演包括主题、内容、形式等方面,涉及茶叶、茶具、用水、表演者、服饰、道具、音乐、灯光、讲解等要素。关键是围绕主题将内容和形式有机地组合起来,达到预期的效果。

（1）主题

主题是茶艺表演的灵魂。茶艺表演的主题是由茶叶、茶具、用水、冲泡方式和服饰、背景、音乐、讲解所共同构成的表演理念。在茶艺表演主题的诸要素中,茶叶是其核心,茶具、用水、冲泡方式是根据茶叶来确定的,而服饰、背景、音乐、讲解也是围绕茶叶来选择安排的。如云南普洱茶具有汤色红浓明亮、滋味醇厚回甘、陈香的品质特点,这与云南少数民族历经岁月沧桑变化,百折不挠、坚强不屈的性格特点相印证。选择普洱茶作为表演用茶,就要围绕普洱茶本身所具有的品质特点、悠久的历史和丰富的文化意蕴来选择相关用品,通过表演展示云南的少数民族茶文化和历史。

总之,在思考如何进行茶艺表演的时候,首先要考虑的应该是主题。

（2）内容

确立了茶艺表演的主题,可以围绕以下几个方面来选择茶艺表演的内容:或展示古代宫廷茶艺、文人茶艺、宗教茶艺、民族茶艺等丰富多彩的茶艺类型;或表现各个历史时期、各阶层、各民族的饮茶习俗,反映丰富多彩的中国茶艺;或结合现实生活中喜庆联欢、朋友相聚、家人团圆的场景渲染气氛,提升其文化品位。

解说是茶艺表演主题和内容的重要表达途径,恰当的解说可以起到画龙点睛的作用,帮助观众了解表演的内容,激发观众的审美情趣,引发观众的共鸣。

解说以言简意赅为宜,切忌长篇大论、宣讲说教,以免引起观众的反感。观众能看懂并理解的时候,不作解说效果更好。"此时无声胜有声。"

（3）形式

内容决定了形式。茶艺表演的形式包括表演者、服饰、道具、冲泡和场地等。表演形式的选择首先是对表演者的选择。表演者是茶艺表演的主体,对表演者的要求有外在条件和内在条件两个方面。外在条件包括了身高、体形、相貌等。就年轻女性而言，一般来说要求表演者身材苗条、体形秀美、相貌清秀。除了外在的形态美，双手形态的美观尤为重要。因为在表演的过程中是以双手的操作为主，观众的视线会更多地关注到表演者的双手。手形以修长匀称、白皙为宜。就内在条件而言，要求表演者具备一定的文化素质与艺术素养，具备一定的舞台表演技巧，经过专门的茶文化知识和冲泡技艺培训，冲泡娴熟，动作优雅，具有与茶艺表演内容相符合的高雅气质。民族茶艺重在表现民族饮茶习俗和民族文化风情，可根据需要选择男性或年长者来表演。

　　表演者的服饰是茶艺表演的重要元素。服饰包括服装、饰物和化妆。选择什么服饰不仅要考虑穿戴得体与否的问题，更要注重与茶、茶具、环境、主题的和谐。一般而言，服装以中式为宜，不宜选择长袖服装，以免拂倒茶具、茶汤，影响操作。表演时不宜佩戴手表、戒指、项链等饰物，女性表演者的饰物以一只玉手镯和一支发钗为宜。化妆宜淡妆，不宜浓妆艳抹，如图4.1和图4.2所示。

图4.1　绿茶茶艺　　　　　　　　图4.2　普洱茶茶艺

　　道具的选配。道具包括装饰器物、音乐、灯光、背景等。道具的静态组合，我们称为茶席设计。有关茶席设计将在下一节作专门介绍。

4.1.2　茶艺表演的类型

　　茶艺表演的类型根据不同的标准可以进行不同的划分。

　　①按茶叶分类。按茶类划分，如绿茶茶艺、红茶茶艺、花茶茶艺等。还可以具体到某一种茶叶，如龙井茶茶艺、碧螺春茶艺、滇红工夫茶艺、铁观音茶艺等。有多少种茶，就有多少种茶艺。

　　②按主泡用具。主泡用具有盖碗、紫砂壶和玻璃杯，按主泡用具划分就有盖碗茶艺、紫砂壶茶艺和玻璃杯茶艺。

　　③按时代特征。如唐代茶艺、宋代茶艺、明代茶艺、清代茶艺、当代茶艺。

　　④按社会阶层。如宫廷茶艺、文人茶艺、宗教茶艺、民间茶艺等。

⑤按不同民族。如汉族茶艺、回族茶艺、藏族茶艺、蒙古族茶艺等。

除了以上各种茶艺类型外,人们还在挖掘、整理传统茶艺、民族茶艺的基础上进行了改良和创新,并形成了很多创新茶艺,如台湾工夫茶茶艺、云南普洱茶茶艺等。

4.2 茶席设计

4.2.1 茶席设计的内涵

宋代文人在唐代茶艺表演的基础上,形成了焚香、挂画、插花、点茶"文人生活四艺",反映了宋代茶人对营造冲泡、品饮环境的重视。此后,随着制茶工艺的改进,各种茶具的变化以及人们审美意识的增强,营造良好、舒适的冲泡、品饮环境受到了更广泛的关注。

我国当代茶文化研究者根据我国传统茶艺表演的特点提出了"茶席设计"这一概念。2002 年,童启庆主编的《影像中国茶道》一书中对"茶席设计"是这样表述的:"茶席是泡茶、喝茶的地方,包括泡茶的操作场所、客人的坐席以及所需气氛的环境布置。茶席设计是学茶的必修课程,也是茶人应有的修养与能力。"2005 年,上海市茶文化中心研究员乔木森所著《茶席设计》一书第一次全面、系统地探讨茶席设计,成为茶席设计研究的专著。该书对茶席设计的内涵是这样表述的:"所谓茶席设计,就是指以茶为灵魂,以茶具为主体,在特定的空间形态中,与其他的艺术形式相结合,所共同完成的一个有独立主题的茶道艺术组合整体。"这一表述,为茶席设计作出了比较准确的定位。

对中国茶艺作专题研究,反映了当代中国茶文化的良好发展,同时也为中国茶艺增添了丰富的内涵。

4.2.2 茶席设计的构成

茶席设计的构成要素包括茶、茶具、台布、焚香器具、茶艺插花、书画作品、装饰工艺品、茶点茶果、背景等。下面逐一作简要介绍,供大家在学习过程中参考。

(1)茶

茶是茶席设计的核心,一切设计都是围绕茶来进行的。在茶席设计中,茶应该摆放在显著的位置。

盛放茶叶的器具可以用瓷质、陶质茶罐,如乌龙茶、红茶;可以用洁净的白色茶盒,如外形、色泽美观的绿茶;或者用木架摆放,如普洱茶饼茶、砖茶、团茶。如图4.3和图4.4所示。

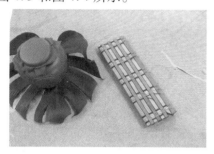

图4.3 紫砂茶罐

图4.4 普洱茶团茶

(2)茶具

茶席设计中的茶具通常是以组合的形式出现。陆羽在《茶经·四之器》中提出了24器的完整组合,后人在此基础上进行加工改进,使茶具异彩纷呈,散发出迷人的魅力。

茶具特点是实用性与艺术性的结合。从实用性的角度来看,茶席设计所选择的茶具应该是与所选茶叶冲泡有关联的,而不是开杂货铺一样把所有茶具全部摆放出来。从艺术性的角度而言,很多制作风格各异的茶具本身就是艺术品,具有独特的审美价值。在组合茶具时,应从质地、色彩、形状、大小等方面加以考虑,通过对比决定取舍(见图4.5)。

图4.5 茶具

茶具组合的基本原则是:其一,质地尽量协调一致,避免出现各种材质茶具的大杂烩。其二,色彩协调,整体感好。忌色彩杂乱、炫目。其三,形状、大小既

有变化,又有关照,避免反差太大导致组合失调。

(3)铺垫

铺垫是指茶席设计中用于摆放物品的铺垫物,包括各种织物,如棉布、丝绸、草编、竹编等。其作用是确立茶席的基础,烘托茶具的组合(见图4.6和图4.7)。

图4.6　织物铺垫

图4.7　草编铺垫

铺垫的使用,需要注意形状、质地和色彩。与一般的台布使用不同,铺垫的形状可根据需要铺成多种几何图形,如正方形、长方形、三角形、圆形等。也可以采用一块以上铺垫,但要注意整体性,切忌零碎、繁杂,支离破碎。就质地而言,织布类铺垫质地柔软,适宜在较大面积的设计中使用;草编、竹编一类铺垫质感较好,除作地面铺垫外,一般适宜作小面积铺垫。铺垫的色彩首先应起到表现茶具的作用,或以相近色彩烘托茶具;或以反差较大的色彩突出茶具。其次,铺垫的色彩应与周围环境的色调相协调给人清新、自然的感受,忌突兀。

(4)焚香器具

焚香的目的是为了营造优雅的品茗环境。焚烧的香品一般以线香为主。焚香用具通常选用香炉,材质有陶土、瓷、金属等。式样古朴的香炉在宗教题材、古代宫廷题材和文人题材茶席设计中尤其能起到较好的作用。

选择香品时,应考虑茶品香气的浓淡、场地空间的大小以及季节变化的特点,做到不夺茶香、花香,不阻碍观众视线,不影响冲泡的操作。

是否选择焚香,是根据茶席设计的主题来确定的,不能一概而论。

(5)茶艺插花

茶艺插花源自我国古代,在茶席设计中是以鲜切花和叶材的艺术组合来衬托品茗环境的一种方法。

与艺术插花不同,茶艺插花作品只是茶席设计的一个组成部分,要求简洁、淡雅,一枝不嫌少,堆砌多了反而繁杂。花材一般不宜选择花型较大,色彩艳丽、香气浓郁的。插花的花器在质地、色彩、形状、大小方面最好能与茶具相协调,也可以选用茶具作为花器(见图4.8和图4.9)。

图4.8 插花　　　　　　　　　　　　图4.9 叶材

(6)书画作品

书画作品包括书法作品和绘画作品。

茶席设计使用的书法作品应选择与茶有关的诗、词、对联等。如果是根据茶席设计主题创作的书法作品当然更好。绘画以中国画为宜。书画作品是营造中国传统文化氛围的最好元素,学习一点关于书画的常识和基本欣赏方法也是提高自身修养的途径。

(7)装饰工艺品

装饰工艺品包括一切可以用于茶席装饰的天然物品和人工物品。天然物品如花鸟鱼虫、石头树木,清新自然,意蕴悠长,自有一股大自然的气息。人工物品包括生活用品、艺术品、宗教用品、历史文物等。如笔墨纸砚、琴棋书画、木鱼念珠、玉器木雕等。总之,只要是能衬托茶席,表现主题的物品都可以作为装饰品出现在茶席设计中。运用得当,装饰品可以起到很好的作用(见图4.10和图4.11)。

图4.10 装饰品　　　　　　　　　　图4.11 装饰品

（8）茶点茶果

茶点茶果是指与饮茶活动相配合的小食品。在茶席设计中,茶点以制作精细、形制小巧为特点,茶果以色彩美观、滋味诱人为特点。选择一个恰当的容器盛装,茶点茶果也是很好的陪衬物。

（9）背景

背景是茶席设计的立体组合。与茶席设计相协调的背景可以在空间上延伸茶席设计的内涵,营造更大视角范围的品茗空间(见图 4.12 和图 4.13)。

图 4.12　背景　　　　　　　　　　　图 4.13　背景

背景可根据主题的需要和条件选择室外背景或室内背景,室外一般可选择山水树木、亭台楼阁为背景。在这样的环境中,人们视野开阔、心情舒畅。室内可选择装饰过的墙面、窗户、屏风或专门制作的喷绘图案做背景。

总之,进行茶席设计,要把以上要素有机地结合起来,做到主题鲜明,容易为人们理解和接受。

4.2.3　茶席设计的要求

茶席设计是在对茶文化有一定认识和理解的基础上进行的艺术创造活动。要设计出好的茶席作品,需要从以下几个方面作出努力:

①积极学习历史、文化知识,尤其是茶历史、茶文化的学习,接受传统文化的熏陶,不断提高个人文化修养。茶席设计不是简单的器具摆放,而是通过茶具组合表现中国文化的内涵和意境。因此,我们只有通过学习和领悟民族历史、文化的特质及表现方式,使自己的茶席设计有一个较高的起点,符合大众对传统文化审美的需求,才能获得认可和好评。

②加强对文学、艺术的学习,不断提高个人的艺术素养。茶席设计内容广泛,从大的方面来说涉及美学、民族学、民俗学、宗教学、文学艺术等多个学科,具体来说涉及色彩、构图、装饰、服饰、插花、焚香、书法、绘画、音乐、舞蹈等多方面

的知识。这就要求我们要扩宽视野,博采众长,而不是仅仅将目光局限在茶上。

③从生活中汲取营养,巧妙构思,大胆创新。生活是一切艺术创作的源泉,闭门造车的结果是脱离生活,思维枯竭。因此,我们要善于从生活中发现素材、挖掘素材,在生活素材的基础上进行加工、构思,将素材与茶席设计融为一体,创作出既符合传统茶席设计理念,又具有时代精神的新作品、好作品。

4.3 茶艺表演策划

4.3.1 茶艺表演策划的内涵

茶事活动不是孤立、一成不变的,它必然与特定的要求、时间、地点、人物、环境有着密切的联系并随着这些因素的变化而变化。因此,我们在进行茶事活动前,应该根据相关的要求进行策划、组织、编排和演练,对可预见和不可预见的情况(如时间、人员、天气、地点、灯光等的变化)制订出相应的解决办法,以保证茶事活动的顺利进行。要解决好以上问题,就需要我们提前做好茶艺表演策划。

所谓茶艺表演策划是指根据特定的活动要求,确立一个明确的主题,通过完整的茶艺活动突出特定活动主题的过程。

4.3.2 茶艺表演策划的要求

(1)明确目的

在茶艺表演策划时,首要的任务是确立茶事活动的目的。在现实生活中,茶事活动的目的是根据举办方的要求而确定的。如茶艺比赛、茶席设计比赛、品茶会、无我茶会、茶话会、会议接待、开业庆典等。有的是以茶事活动为主,有的则以茶事活动为辅。无论属于哪一种情况,茶事活动必须围绕活动目的来策划,以保证目的的实现。

(2)制订完整的策划方案

作为策划,需要考虑到实施方案的可行性、实施的具体步骤、可能出现的情况及应对办法。

①可行性。可行性是指根据活动主题和具体的时间、场地、季节、人员、服饰、道具等因素制订方案,保证茶事活动能够实施的可操作性。如案例中提到的

某公司茶艺表演之所以不受欢迎,就是因为忽略了茶文化在当地的普及程度以及观众的茶文化素养,缺乏可行性。

②实施步骤。实施步骤包括撰写策划书、人员安排、准备工作、检查、修改策划书、排练、实施等。

③可能出现的情况及应对办法。茶事活动可能因为一些特殊情况发生临时性变化,如场地变化、天气变化对表演的影响。因此,有必要针对茶事活动中可能出现的情况制订相应的应急措施。如有的场地用电不方便,就要准备插线板和其他烧水燃料及设备,以备急需。

(3)策划书

策划书是茶艺表演的书面计划。作为以茶艺表演为主的茶事活动应包括主题、目的、活动形式、人员安排、选择茶品等整体性安排。具体的茶艺表演策划则应包括设计理念、表演用茶、茶具、表演者、服装、音乐、表演程序和解说词等。

茶艺表演策划书示例一:云南××大学55周年校庆茶艺表演节目策划(设计者:张伟强、杨晶)

(一)茶会主题及目的

主题:配合建校55周年校庆,宣传云南茶文化,展示云南××大学的育人环境和文化风采。

目的:通过茶事服务及主题茶艺表演为来宾营造一个高雅、轻松的环境,让来宾感受云南茶文化的浓烈氛围和云南××大学良好的文化学习氛围。

(二)茶会形式

1.茶事服务

来宾分四桌就座。

(1)每桌安排2名茶艺人员负责为6名左右来宾提供茶事服务(1人主泡、1人助泡)。

(2)冲泡茶叶:宝洪茶(盖碗冲泡)、普洱茶(熟茶,紫砂壶冲泡)。

2.主题茶艺表演

(1)花茶茶艺(主泡3人、助泡2人、解说1人)。

(2)红茶调饮(主泡2人、助泡2人、解说1人)。

(3)普洱茶茶艺(主泡1人、助泡2人、解说1人)。

(三)主题茶艺表演

1.花茶茶艺——瑞草酬嘉宾,品茗闻香喜相逢

设计理念:第一道茶为迎宾茶,借绿茶的清纯、茉莉花的清香欢迎各位来宾的光临。表演中通过茶艺礼仪、温杯涤器、举案齐眉等表达对来宾的欢迎和

谢意。

（1）冲泡用茶：云南特级茉莉花茶。

（2）茶具：盖碗12个、奉茶盘3个、水盂3个、茶道组3套、茶荷3个、随手泡3把、茶巾3块。

（3）表演者：主泡3人、助泡2人、解说1人。

（4）服装：主泡选用绿白色相间的连衣裙，助泡选用素净的服饰。

（5）音乐：节奏舒缓欢快的乐曲。

[解说词]各位来宾、各位领导、各位校友：晚上好！欢迎各位的光临。我们是云南××大学职业技术学院和云南××教育咨询服务公司共同组建的学生茶艺表演队。下面，将由我们为大家表演。

茶艺设计：×××；

古筝伴奏：××；

服装设计：×××。

第一个节目：花茶茶艺——瑞草迎宾，品茗闻香喜相逢。这道茶为迎宾茶，借绿茶的清纯、茉莉花的清香欢迎各位来宾的光临。

表演者：×××、×××。

（1）（行礼）礼迎嘉宾。向来宾行90°鞠躬礼，表示对嘉宾最诚挚的欢迎和谢意。欢迎各位嘉宾光临云南××大学，感谢各位嘉宾对云南××大学的支持和帮助。

（2）（温杯）温杯涤器。茶是至清至洁之物，天涵之，地载之，人育之。所以，茶叶又有草中英、瑞草魁等别称佳号。用洁净的茶具来冲泡，是为了保持茶性的自然和真实，也是表示对客人的尊敬。

（3）（赏茶）鉴赏香茗。我们为大家冲泡的是产于云南的优质茉莉花茶。茶芽肥嫩，香气悠长。所谓茶引花香，花益茶味，花香与茶韵交融，相得益彰。

（4）（置茶）学子思归。细嫩的花茶如片片花瓣飘落碗中，宛如各地学子汇集于云南××大学这个温馨的家园。

（5）（润茶摇香）润茶摇香。浸润茶叶，宜缓，宜柔，宜静，润物无声，使茶吸收水分和热气，孕育茶味、花香，蓄势待发。

（6）（冲泡）春风化雨。表演者采用凤凰三点头的方法冲泡茶叶，是以凤凰优美的形态向各位来宾表示敬意。茶艺是生活的艺术，也是人生的艺术。冲泡茶叶的过程能够让人们学会以自己创造的美来服务他人、尊重他人。

（7）（奉茶）瑞草酬嘉宾。双手将茶碗举到眉宇间，再由胸前缓缓奉茶给宾客，称为齐眉奉。寓意我们发自内心的祝福，已融注在香醇的茶汤中，请您细细品、慢慢啜。

（8）（品饮：中间主泡示范）啜香品茗。品饮花茶，讲究闻香、细啜、慢咽、多回味。轻轻提起杯盖，缕缕清香沁人心脾。所谓"未尝甘露味，先闻圣妙香"。轻轻拨动茶汤，从杯和盖的缝隙间小口吸入茶汤。让茶汤在口中流转，徐徐咽下，茶味花香别有滋味，亦苦、亦醇、亦香、亦回甘。

品茶如品人生，祝愿各位嘉宾在品茶的同时品味出茶中的至真、至纯、至善、至美；品味出云南××大学师生员工的深情厚谊。

2. 红茶茶艺——流光溢彩，香飘四海亦峥嵘

设计理念：滇红是云南名茶，其红汤红叶、蜜糖般香甜的特点象征着母校的辉煌历程，象征着校友们绚丽的事业和所取得的骄人成绩，表达了母校对校友的祝福。采用调饮法，在茶汤中加入蜂蜜和牛奶，表达母校对学子的哺育之情。

（1）冲泡用茶：云南Ｃ·Ｔ·Ｃ红碎茶。

辅料：饮用干玫瑰花、蜂蜜、鲜牛奶。

（2）茶具：中号玻璃壶2把、奉茶盘4个、水盂2个、随手泡2把、大号奶冲2个（盛茶汤）、公道杯2个（盛牛奶）、小瓷杯16个、长调羹2把、玻璃（瓷）小碗（碟）6个（盛放红茶、蜂蜜和玫瑰花）、茶巾2块。

（3）表演者：主泡2人、助泡2人、解说1人。

（4）服装：选用暖色调的旗袍。

（5）音乐：节奏欢快的乐曲。

[解说词]品饮了让人满口噙香、齿颊生津的茉莉花茶，接下来，请各位嘉宾欣赏红茶茶艺——流光溢彩，香飘四海亦峥嵘。滇红是云南名茶，其红汤红叶、蜜糖般香甜的特点象征着我校的辉煌历程，象征着校友们绚丽的事业和所取得的骄人成绩，同时，也表达了母校对各位来宾、各位校友的祝福。

表演者：××。

（1）（礼毕后展示用茶及辅料）红茶是世界上产销量最大的茶，滇红色泽褐红油润，滋味醇厚，有浓郁的蜜糖香，是红茶中的上品。我们采用调饮的方法。辅料有饮用干玫瑰花、蜂蜜、鲜牛奶。

（2）（温杯涤器）温杯涤器既是洁净茶具，也是为了提高茶具的温度。

（3）（置茶）将茶叶缓缓拨入壶中。Ｃ·Ｔ·Ｃ红碎茶是经机器揉切发酵制成的茶品，茶叶细胞壁破碎，茶汁附着在茶叶表面，冲泡简洁方便。

（4）（注水冲泡）孕育茶香。将90℃水注入壶中，浸泡茶叶。红茶不宜洗茶，而且要加盖闷壶，以此孕育茶香。

（5）（在大号奶冲中拨入蜂蜜）添香助味。

（6）（出汤）红颜初绽。

（7）（倒入牛奶、调汤）瑞雪纷纷。轻轻搅动，使茶汤、牛奶和蜂蜜融合，茶乳交融，蜜甜浓香。

（8）（分茶、加入玫瑰花）。

（9）（奉茶）浓情谢嘉宾。

（10）（品饮：主泡示范）别有洞天。杯盏中的茶汤红白相间，玫瑰花若隐若现，流光溢彩；茶香、蜜香、花香、乳香，芳香四溢。这象征着母校的辉煌历程，象征着校友们绚丽的事业和所取得的骄人成绩。品饮这样的茶汤，让人能品尝出一种幸福的滋味。

3. 普洱茶茶艺——龙凤呈祥，抚今追昔念师恩

设计理念：普洱茶是云南名茶，以其独特的"陈韵"闻名海内外。"陈韵"是岁月变迁的见证，而生茶的金黄剔透、清香持久，熟茶的红浓明亮、醇厚回甘，则是莘莘学子历久弥坚，矢志不移回报母校、报效祖国的象征。云南××大学55年的风雨沧桑正像一壶纯正幽香的普洱茶，令人回味无穷。

（1）冲泡用茶：生、熟普洱茶。

（2）茶具：紫砂壶2把、公道杯2个、奉茶盘2个、茶船1个、茶道组1套、茶荷2个、随手泡2把、茶巾1块、带架茶饼2套。

（3）表演者：主泡1人、助泡2人、解说1人。

（4）服装：选用中式服装。

（5）音乐：节奏舒缓恬静的古曲。

[解说词]下面，请各位嘉宾欣赏普洱茶茶艺——龙凤呈祥，抚今追昔念师恩。

普洱茶是云南名茶，以其独特的"陈韵"闻名海内外。"陈韵"是岁月变迁的见证，而生茶的金黄剔透、清香持久，熟茶的红浓明亮、醇厚回甘，则是历久弥坚、矢志不移的莘莘学子回报母校、报效祖国思想的象征。表演者将同时为来宾冲泡青饼和熟饼两种茶。

表演者：××。

（1）（礼毕后，展示茶饼及冲泡用茶）以云南大叶种茶为原料，经晒青工艺加工后制作的普洱茶是云南独有的历史名茶。清代宫廷有夏喝龙井、冬饮普洱的习俗。现在，为大家展示的第一款茶是青饼。青饼茶性寒凉。经多年自然发酵形成的老茶、陈茶被誉为"可以喝的古董"，是备受爱茶人追捧的茶品；第二款茶是熟饼。即采用现代工艺快速发酵的普洱茶，茶性温和，具有温胃、养胃等多种健康功效。

(2)(温杯涤器)温杯涤器。选用紫砂壶来冲泡是因为紫砂壶质地坚硬而透气性好,能孕育茶香,提升茶汤的滋味。

(3)(置茶)将茶叶缓缓拨入壶中。

(4)(洗茶)醒茶。洗茶是为了去除茶中的异味和粉尘,浸润茶叶。

(5)(注水冲泡)泡茶用水讲究清、轻、甘、活。选用洁净的软水,加热到95 ℃,注入壶中,让茶汁和茶香渐渐浸泡出来。

(6)(出汤,赏茶汤)龙凤呈祥。青饼汤色金黄剔透,如龙在天;熟饼红浓明亮,似凤来仪。红黄相映成趣,故名龙凤呈祥,吉祥如意。

(7)(分茶)一碗情深。斟茶只斟七分满,尚余三分是真情。

(8)(奉茶)敬献香茗。

(9)(品饮:主泡示范)品味历史。普洱茶的醇厚能给人一种厚重的历史感。如普洱茶越陈越香一样,世间的事物也需要经历时间的历练,越陈越香的,必定是世间最珍贵、最值得珍惜的。回顾历史,55年的时光使云南××大学历久弥坚、矢志不移,屹立在云南民族教育的前沿,像一壶纯正幽香的普洱茶,令人回味无穷。让我们衷心祝愿云南××大学蒸蒸日上! 祝愿我们的明天更美好!

(2006年9月18日)

茶艺表演策划书示例二:纪念改革开放三十年文艺晚会茶艺设计——盛世茶情(设计者:张伟强)

设计理念:茶是天涵之,地载之,人育之的灵物,国家昌盛才有茶业的发展、茶艺的兴盛。从大唐盛世到今天的国泰民安,茶艺从形成走向繁荣。盛世茶情就是以茶艺表演抒发对国家、民族的赞美和祝愿。

一、主题:弘扬茶文化,歌颂改革开放的巨大成就,展示××教师深厚的文化底蕴和高雅的艺术修养。

二、表演形式:

1.人员安排:6人分3组表演。第一组2名女茶艺师用玻璃杯泡绿茶,展示女性茶艺的柔美;第二组2名女茶艺师用盖碗统一冲泡花茶,展示茶艺的韵律美;第三组2名男茶艺师用紫砂壶泡普洱茶,展示男性茶艺的和谐美。助泡6人。解说1人。开始时有短时间以茶为主题的舞蹈表演。冲泡结束时进行茶艺礼仪展示。

2.茶席设计:3组茶席既相互独立又连成一体。

3.用具:

第一组:奉茶盘2个,玻璃杯6个,茶匙2个,茶巾2块,玻璃随手泡2套,水盂2个。

第二组:铺垫 2 块,盖碗 6 套,茶道组 2 套,茶巾 2 块,随手泡 3 套,水盂 2 个。

第三组:壶承 2 个,紫砂壶 2 把,公道杯 2 个,品杯 6 个,茶道组 2 套,茶巾 2 块,随手泡 2 套,水盂 2 个。

4.服装:第一组:浅色旗袍。第二组:深色中式服装。第三组:暖色调民族装。

5.音乐:

表演程序及解说词(【】中)

【茶艺是中华民族优秀传统文化的结晶,茶艺表演是展示中华民族高贵气质、优雅举止和美好追求的艺术形式。下面,请大家欣赏××的茶艺表演——盛世茶情。】

(1)茶艺师集体出场入座。幕布拉开。音乐缓缓响起,伴舞翩翩起舞,舞蹈以形体动作表现茶叶的萌发以及采茶姑娘采茶的欢快生活。

【茶是天涵之,地载之,人育之的灵物。当春回大地的时候,茶叶在溪流声和鸟鸣声中萌发,一芽一枝,用嫩绿装点春天的景色,迎接灿烂的春光。】

【茶艺是高雅的艺术,也是中华民族生活的艺术。国家昌盛才有茶业的发展、茶艺的兴盛。从历史上的大唐盛世到今天的国泰民安,茶艺从形成走向繁荣。盛世茶情就是以茶艺表演抒发对国家、民族的赞美和祝愿。】

舞蹈人员退场。

(2)播放具有江南风格的音乐,助泡展示西湖龙井茶,茶艺师开始表演温杯涤器,投茶、冲水。

【在中国六大茶类中,绿茶是产销量最大的茶类,西湖龙井以其"形美、色绿、香郁、味甘"四绝闻名于世,是绿茶的代表茶。】

【中国是世界茶叶的起源地,拥有千姿百态、形态各异的茶叶,同时,也拥有异彩纷呈、璀璨绚丽的茶艺。下面,请大家首先欣赏绿茶茶艺——春回大地。】

【3 月有最妩媚的风光,3 月有最动人的旋律,宋代诗人欧阳修在诗中赞美茶叶"万木寒凝睡不醒,唯有此树先萌芽。乃知此为最灵物,宜其独得天地之英华"。冲泡聚天地英华的灵物,自然得心灵手巧、兰蕙蕙质之人,以轻盈的手法、优雅的动作来表现茶叶的自然美,似行云飘散,流连于青山绿水间;似流水蜿蜒,游走于山石松木上。茶的芳香随热气袅袅升起。】

(3)播放具有江南风格的音乐,助泡展示茉莉花茶,茶艺师开始表演温杯涤器、投茶、浸润、摇香、冲泡。

【花茶属我国的特种茶。以茉莉花窨制的茉莉花茶汤色黄绿明亮、清香四

溢,滋味回甘,是花茶中的佳品。】

【盛世是明快的色彩,盛世是悠扬的旋律,下面请大家欣赏花茶茶艺——香飘万里。花茶之美在于花香茶韵,两名茶艺师同时冲泡茉莉花茶,以优雅的动作、流畅的韵律为我们营造一种幽深的意境——心静茶自香。】

(4)播放具有云南风格的音乐,助泡展示普洱茶(饼茶),茶艺师开始表演温杯涤器、投茶、浸润、冲泡、出汤。

【普洱茶属云南地理标志产品,汤色红浓明亮、陈香悠长,是黑茶中独具文化内涵和保健功能的名品,清代宫廷就有"夏喝龙井,冬饮普洱"的习俗。】

【盛世才有茶业的兴盛,才有云南普洱茶的崛起,接下来请大家欣赏普洱茶茶艺——和谐家园。云南是茶叶的重要起源地,生长着距今3 000多年的古茶树。清代阮福即有"普洱茶名遍天下,味最酽,京师尤重之"的记载。以云南大叶种茶为原料,经特殊工艺加工制作的普洱茶不仅是少数民族的日常饮品,更是婚恋嫁娶等重要社会活动中不可缺少的信物。普洱茶"香于九畹芳兰气,圆如三秋皓月轮",红浓明亮的茶汤蕴含了云南各民族厚重的历史文化内涵,更象征着云南改革开放三十年来取得的巨大成就。】

(5)茶艺礼仪展示:

【茶艺是传承和发展文明礼仪的载体,茶艺表演是展示礼仪的重要手段。下面,请大家欣赏茶艺礼仪。】

走姿【行走时要求上身正直,目光平视,面带微笑。得体的服饰、自然的神态显示了茶艺师的自信。】

站姿【优美而典雅的站姿能体现茶艺人员的仪表美。站立时,两脚脚跟相靠,两脚尖呈八字。亭亭玉立更显茶艺师的风采。】

坐姿【坐姿要求浅坐,身体挺直,双手交叉,微微上提,放于丹田位置。】

蹲姿【取低处物品或奉茶时,可采用蹲姿。】

草礼【茶艺礼仪中的鞠躬礼可以分为草礼、行礼和真礼。草礼一般用于对晚辈还礼或迎送宾客,行草礼时上身呈30°。】

行礼【行礼一般用于同辈之间或一般的茶艺活动。行礼要求上身呈45°,热情而不失矜持。】

奉茶礼(由3组茶艺师表演)【奉茶是将自己精心冲泡的茶汤奉给懂得品茶之人,请客人一同享受茶带来的美好感受,所以,应以双手捧杯或捧住杯垫,缓缓举起,由胸前推出,表示对客人的尊敬。】

全体人员行真礼【最后,让我们以茶艺的最高礼仪——真礼感谢大家,祝福各位生活红红火火、幸福美满! 同时祝福我们学校蒸蒸日上,再造辉煌! 祝福我

们的国家繁荣昌盛、国泰民安!】

茶艺表演策划书示例三:六一儿童节茶艺设计情景剧:一杯香茶传情谊(设计者:张伟强)

设计理念:客来敬茶是中华民族的传统美德。老师冲泡一杯茶给孩子表达对孩子的关心和爱护,孩子冲泡一杯茶敬奉给老师表达对老师的尊敬和爱戴。师生通过茶来传递美好的情感。本节目通过师生冲泡茶叶相互敬茶表现童真童趣和师生间的深厚情谊,反映幼儿园和谐美好、其乐融融的育人环境。

为表现幼儿园孩子的天真烂漫,拟将表演编排为情景剧。选一男一女两个孩子冲泡花茶,一名教师冲泡凉茶,5个孩子配合表演。师生通过问答介绍茶叶知识,通过茶诗对孩子进行文化熏陶。

用具:

1. 少儿用具:随手泡、茶道组、茶巾、水盂、茶荷、盖碗。

2. 教师用具:随手泡、茶道组、茶巾、水盂、茶荷、玻璃泡茶壶。

服饰:宜选择中式服饰。

【场景一】前奏

【老师带孩子上场坐下。】

众孩子:老师,我口渴了。

老师:是吗? 老师也口渴了。可是刚运动完不能马上喝水。我们休息下,好吗?

我还有一个问题想问问大家:口渴的时候喝什么最解渴?

孩子甲:老师,我知道,喝冰水最解渴。

孩子乙:老师,我知道,吃雪糕最解渴。

孩子丙:不对。老师,我知道,喝茶最解渴。

孩子丁:对。我爸爸妈妈说的,口渴时喝茶最好了。

老师:【对丙和丁】谁能告诉我,为什么喝茶最解渴呢?

孩子丁:我爸爸说的,茶叶的用处可多了,喝了茶就能止渴消暑,凉快多了。

老师:××回答得很好。喝茶最解渴了。可是小朋友不能喝浓茶啊。喝浓茶会睡不着的。第二天就不想起床了。

孩子甲:老师说喝茶最解渴,我想喝茶了。老师,现在能不能喝茶呢?

众孩子:老师,我也要喝茶。

老师:好吧。老师给你们泡一壶凉茶。

【场景二】老师冲泡

【老师入座、小朋友围坐在两侧。】

【老师一边讲解一边冲泡。】

【分茶时让孩子各自取喝水的杯子,分茶后喝茶。】

【场景三】孩子冲泡茶叶

老师:老师给大家泡了凉茶。有没有小朋友会泡茶。

孩子丙:老师,我会泡。

孩子丁:老师,我也会泡。

老师:你们会泡什么茶?

孩子丙:老师,我会泡花茶。

孩子丁:老师,我会泡全部的茶。

老师:全部的茶有哪些呢?

孩子丁:有绿茶、红茶、黄茶、白茶、乌龙茶,对了,还有黑茶。

老师:真能干! 能泡那么多的茶。今天和××小朋友一起给我们泡花茶,
好吗?

孩子丙:好啊。

孩子丁:好啊好啊。

【孩子丙和孩子丁入座,准备冲泡茶叶。】

孩子丙和孩子丁:

【行礼】

【入座】

【赏茶】

孩子丙:老师,看看我的茶可是好茶?

老师:是好茶!

孩子丁:老师,看看我的茶,是不是更好?

老师:是好茶! 两个的都是好茶!

【温具】

【投茶】

【冲泡】

【浸泡】

【奉茶】

孩子丙:老师,我泡的茶可香了! 请您尝一尝!

老师:真香!

孩子丁:老师,我泡的更香,请您尝一尝!

老师:真香! 你们两个泡的都是香茶!

老师:喝了茶,我们来背背前人写茶的诗和锦句。有谁知道?

孩子甲:老师,我知道:"九日山僧院,东篱菊也黄。俗人多泛酒,谁解助茶香?"

老师:这首诗的意思是说喝茶比喝酒好。

孩子甲:老师,我爸爸最喜欢喝酒了。今天我回家就告诉他:"老师说了,喝茶比喝酒好。不许喝酒了!"

孩子乙:我也要告诉我爸爸。老师,我知道一碗到七碗的"七碗茶歌":"一碗喉吻润……"

孩子丙:老师,我知道"柴米油盐酱醋茶"。

孩子丁:老师,我还会唱喝茶的歌。

【唱茶歌,其他孩子跟唱。】

【结束】

本章小结

本章学习的主要内容是茶艺表演,而茶席设计和茶艺表演策划都是为表演服务的。学习中,应从茶艺表演的主题、内容和形式方面入手,先进行茶席设计和茶艺表演策划的单项练习,循序渐进,逐步提高自己的茶艺表演水平。

【知识链接】

高级茶艺师操作技能考核要求

(1)首先提交一份书面茶序,以组的形式进行表演技能的考核,一组最多3人。自备服饰、茶具、茶叶、道具、音乐等。考生必须有冲泡的过程,解说、伴奏、助泡等人员可以邀请非参加考试的人员担任。

(2)题目:表演名称。

(3)服饰、茶具搭配、场境(包括音乐):与所表现的内容和谐得当。

(4)茶艺解说:简述所要表演的内容、创意要点。

(5)表演程式:整个表演的流畅程度。

(6)文化色彩:表演所体现出的艺术品位及文化内涵。

(7)表演艺术:艺术姿态、艺术特色。

(8)综合知识:以提问的方式现场考评。

(9)茶艺表演前、在考场备考时,完成化妆。

(10)考试流程:提交茶序—自报表演名称—表演—奉茶—谢幕。

练习

1. 通过实地观看或声像资料认真观摩茶艺表演,谈谈自己的收获和体会。
2. 选择不同的茶类和器物,自己动手完成 3 个茶席设计作品并为作品命名。
3. 根据生活中茶事活动的需要,写一份完整的茶艺表演策划书。
4. 积极参加茶事活动,在实践中提高自己的表演水平。

第 5 章
茶艺师服务礼仪与销售知识

【本章导读】

茶艺师从事的是服务工作。要提供优质服务,首先必须具备高尚的职业道德;其次还应具备良好的礼仪、礼节,力求提供完美的服务。因茶艺师工作的特殊性与专业性,最基本的要求还是茶艺方面的技能。此外,销售基础知识的运用与掌握也是现代茶艺师必备的技能之一。

【关键词汇】

职业道德　礼仪　接待　销售

【问题导入】

李小姐来到一家装修雅致的茶庄买茶,茶庄的茶艺师小王热情接待并为客人斟茶,请客人品饮。随后,小王对体态稍显肥胖的李小姐上下打量了一番,主动热情地推销到:"小姐,看您挺有福相的,我给你推荐点××茶吧,××茶能减肥去脂,一个月就能减 5 kg,怎么样? 来点吧?"听了这番话,李小姐面露不悦,随口说了句:"改天吧!"就匆匆离开了茶庄。

请问,李小姐为什么不高兴? 在这次服务工作中,茶艺师小王的做法存在什么问题? 通过学习本章之后,想想小王违反了哪些职业道德,在礼仪方面有哪些做得不足的地方,推销技巧上存在什么问题。

5.1　茶艺师职业道德

5.1.1　职业道德的含义

当今社会对人才的基本要求是德才兼备,因此,加强茶艺师的职业道德教育是十分必要的。具体到茶艺服务行业,要求服务人员在提高自身服务素质和服

务技能的同时,必须学会遵守相应的行为规范和行为准则,而这种行为规范和行为准则就是茶艺师的职业道德。

职业道德的含义包括以下 8 个方面:

①职业道德是一种职业规范,受社会普遍的认可;

②职业道德是长期以来自然形成的;

③职业道德没有确定形式,通常体现为观念、习惯、信念等;

④职业道德依靠文化、内心信念和习惯,通过员工的自律实现;

⑤职业道德大多没有实质的约束力和强制力;

⑥职业道德的主要内容是对员工义务的要求;

⑦职业道德标准多元化,代表了不同企业可能具有不同的价值观;

⑧职业道德承载着企业文化和凝聚力,影响深远。

5.1.2 职业道德的要求

茶艺师的职业道德是处理和调节服务活动中人与人之间关系的特殊道德要求,因为它与服务活动的特点紧密相连,因而有着与其他职业道德不同的特点。茶艺师的职业道德主要有以下内容:

(1)热情友好,宾客至上

服务部门是直接面对客人的经营部门,服务态度的好坏直接影响到茶艺馆的服务质量。热情友好是茶艺馆真诚欢迎客人的直接体现,是茶艺师爱岗敬业、精技乐业的直接反映。

(2)真诚公道,信誉第一

诚实守信是经营活动的第一要素,是茶艺师首要的行为准则。它是调节顾客与茶艺馆之间、顾客与茶艺师之间和谐关系的杠杆。只有诚信经营,才能获得顾客的信赖,拥有良好的经济效益和社会效益。

(3)安全卫生,品质优良

茶叶属于食品,安全卫生是提供服务的基本要求,我们必须本着对顾客高度负责的态度,认真做好安全防范工作,杜绝食品卫生隐患,保证顾客的人身安全、饮食健康。另外,良好的产品质量是我们为顾客提供优质服务的前提和基础,也是服务人员职业道德的基本要求。

(4)不断完善,学无止境

提高自身素质,提高业务技能,是茶艺师不可缺少的基本规范之一,是茶艺师搞好本职工作的关键。首先要熟悉所销售的茶品。不仅要记价格,还要记产品特点。其二,要勤学苦练茶叶冲泡技巧。其三,要会泡茶、会品茶还得会说茶。会说茶就是喝过一款茶后能把你感受到的色、香、味说出来与客人交流,并引导客人消费。其四,学习茶店的运营。在专业上达到一定的层次之后,还应该学习茶店的经营管理,从更高、更广泛的角度来认识、理解茶。

(5)平等待客,一视同仁

满足顾客受欢迎、受重视、被理解的需求是茶艺馆优质服务的基础。要彻底摒弃"衣帽取人,看客下茶"的陈规陋习。平等待客、一视同仁作为茶艺师的道德规范,就是尊重客人的人格和愿望,主动热情地去满足客人的合理要求,使客人处在舒心悦目、平等友好的氛围中。

5.2 茶艺师礼仪与接待知识

5.2.1 礼仪与接待的内涵

礼仪是在人际交往中,以一定的、约定俗成的程序、方式来表现的律己、敬人的过程,涉及穿着、交往、沟通、情商等内容。从个人修养的角度来看,礼仪可以说是一个人内在修养和素质的外在表现。从交际的角度来看,礼仪可以说是人际交往中适用的一种艺术,一种交际方式或交际方法,是人际交往中约定俗成的示人以尊重、友好的习惯做法。从传播的角度来看,礼仪可以说是在人际交往中进行相互沟通的技巧。

礼仪的主要功能,从个人的角度来看,一是有助于提高人们的自身修养;二是有助于美化自身、美化生活;三是有助于促进人们的社会交往,改善人们的人际关系;四是有助于净化社会风气。从团体的角度来看,礼仪是企业文化、企业精神的重要内容,是企业形象的主要附着点。

5.2.2 茶艺师礼仪与接待要求

茶艺师是茶艺馆最直接的展示窗口,一言一行,一举一动,都是至关重要的,所以要以好的形象来接待顾客,而学习礼仪就是第一步。茶艺中所体现的礼仪包括个人卫生、发型选择、皮肤保养、服装、用语,还有热情的微笑与优美的动作也是对茶艺师礼仪与接待的要求。

（1）礼仪与接待的要求

①个人卫生。茶艺师所从事的工作实际上是一项饮食服务工作，客人可以通过茶艺师个人卫生推断出茶艺馆的卫生状况，从而影响客人的消费。茶艺师在工作前要做好个人卫生，服装整洁，不宜食用有刺激性气味的食品。

②发型。作为茶艺师要做到头发整洁、无异味，保持自然色的头发，发型大方得体。一般说来，男性茶艺师的头发长度要适宜，前不及眉，侧不遮耳，后不及领，不留胡须或大鬓角；而女性茶艺师的发型则较为多样，但也要符合自然、大方、整洁、美观的原则，与自己的脸型、身材、年龄、气质相符和，结合茶艺的内容，尽可能取得整体和谐美的效果，切忌做怪异的新潮发型。长发者应梳到后面，不要让头发垂下来，影响操作。

③皮肤保养。茶艺师除常规的皮肤保养外，要特别注意手部皮肤的保养，可以经常进行按摩，但不要使用气味浓烈的护手霜，以免影响泡茶。健康的身心和良好的生活习惯、合理的饮食、科学的皮肤护养方法，这些都能让你拥有健美的肌肤。

④服装。根据茶艺馆的不同应选择不同风格的着装。具体要求见表5.1。

表5.1　茶艺馆类型及着装风格

茶艺馆类型	特　征	茶艺师着装风格
宫廷式	陈设豪华、讲究，按宫廷摆设营造	各朝代的宫廷服装（尤以汉、唐、清为主）
庭院式	高贵、典雅，体现人与自然的融合，强调室外环境	能代表中国传统文化的服装（如旗袍、中山装、改良式唐装、现代茶服）
茶楼式	以中国各地传统家居厅堂为模式，古色古香	具有各地特色的传统服装
红茶坊	明快、爽朗、色泽鲜艳，适合年轻人的口味，同时兼具浪漫风格	传统英伦风格同时具备可操作性强的制服
茶餐厅	将喝茶和吃饭放在一起，适合现代快节奏的生活	酒店中餐厅制服
异国风情式	异国的建筑风格和饮茶习惯	各国具有代表性的传统服装（如韩服、和服）

⑤语言。在首次同客人见面或接触时，能够使用标准的普通话，并同时做到称呼恰当，问候亲切，表情自然。要注意语气的自然流畅、和蔼可亲，在语速上保持匀速，任何时候都要心平气和、礼貌有加。

⑥微笑。微笑是一名茶艺师最好的名片，对待客人应有真诚而发自内心的微笑。

⑦动作。行茶礼仪动作多采用含蓄、文雅、谦逊、诚挚的动作。作为茶艺师，为了体现茶叶的灵性，充分展示茶叶之美，要以自身理解去演绎茶文化的丰富内涵，在整个茶艺过程中都要体现"廉、美、和、敬"的茶道精神。

（2）基本姿势介绍

习茶的主要目的在于自省修身，多采用含蓄、文雅、谦逊、诚挚的礼仪动作，不主张用夸张的动作及客套的语言，尽量用微笑、眼神、手势等示意。通过传统舞蹈、太极、瑜伽的学习，有助于行茶姿态的训练，基本动作的要求是自然协调，切忌生硬与随便。讲究调息静气，发乎内心，行礼轻柔而又表达清晰。通过习茶基本姿态可以表现茶艺的艺术美感，有助于净化习茶者的心灵，去除浮躁之心。男士和女士在习茶时的基本姿势有所不同，男士主要体现出阳刚之美，女士则体现出柔和和轻盈。下面就习茶的基本姿势作简单的介绍。

①站姿。优美而雅观的站姿，是体现茶艺人员仪表美的起点和基础。男性站姿，身体直立站好，正面看；脚跟相靠，脚尖分开，与肩同宽，呈50°～60°；双手手指自然伸直，并拢，右手握左手手腕，贴于腹部，双目平视前方。女性与男性不同的是，双脚并拢，双手手指自然伸直后，右手张开虎口略为握在左手上，贴于腰部；其下颚应微收，眼睛平视前方，胸部稍挺，小腹收拢，整个体型显得庄重平稳。

②行姿。人的正确行姿是一种动态美，男性行姿双手自然下垂，呈半握拳状；头部微微抬起，目光平视；肩部放松，手臂自然前后摆动，身体重心稍向前倾，腹部和臀部要向上提，由大腿带动小腿向前迈进，一般每一步前后脚之间的距离20～30 cm，行走线迹为直线。女性行姿，双手放于腰部不动，或双手放下，手臂自然前后摆动，颈直，肩平正，脚尖向正前方，自然迈步。步速和步幅也是行走姿态的重要方面，由于茶艺人员的工作性质决定，在行走时，要求保持一定的步速，不要过急，步幅不可以过大；否则，会给客人带来不安静和不舒服的感觉。另外，步幅的大小还取决于茶艺人员所穿的制服，如果着裙装步幅宜小一些，若着裤装则宜步幅大一些。

③坐姿。茶艺人员为客人沏泡各种茶时大多需要坐着进行，因此，良好的坐姿显得十分重要。男性坐姿，双腿自然相靠，脚尖朝正前方，双手自然平放在大腿上，指尖朝正前方，盘腿坐姿态为右腿在前，左腿在后，屈膝放松，双手自如地

放于双膝上。女性坐姿与男性不同的是,双手微微相握,贴于腰部。行茶时,要求头正肩平,肩部不能因为操作动作的改变而左右倾斜,双腿并拢;双手不操作时,手指合拢,微弯曲,平放在操作台茶巾上,面部表情轻松愉悦。

④跪姿。此姿势在茶艺表演中较少使用,但在表现日本茶艺、韩国茶艺或无我茶会中仍会使用到。男性双腿并拢,跪下后,左脚尖放在右脚尖上,自然坐落,胳膊肘略弯,双手放在大腿上,头部微微往上抬;女性与男性所不同的是,双手相握,放于腰部,颈项挺直。

(3)礼仪举止介绍

①鞠躬礼。鞠躬是中国的传统礼仪,即弯腰行礼,一般用于茶艺人员迎宾、茶艺表演开始、结束及送客时。鞠躬礼分为站式、坐式和跪式3种。行礼时,站式双手自然下垂略向内,男性手指伸直,女性微弯,坐式和跪式行礼应将双手放在双膝前面,指尖不要朝正前方。在行礼时,动作要缓慢、优雅,呼吸均匀,朝下时呼气,起身时吸气,行礼后应亮相。具体见表5.2。

表5.2 鞠躬礼的分类

鞠躬的分类	角度大小	适用对象及场合
真礼	90°左右	长辈、德高望重者。非常正式的茶艺表演的开始及结束
行礼	45°左右	同辈之间或一般的茶艺表演开始及结束
草礼	30°左右	对晚辈还礼、迎宾或送别客人

②伸手礼。伸手礼是茶事活动中最常用的礼节。行伸手礼时,手指自然并拢,手心向胸前,左手或右手从胸前自然向左或向右前伸,以肘关节为轴心指示目标,随之手心向上,同时讲"请""谢谢""请观赏""请帮助"。伸手礼主要用在引领客人、介绍茶具、赏茶、示意客人、奉茶、与助泡交流时使用。茶艺师切忌用手指指点物品。

③注目礼和点头礼。注目礼是用眼睛庄重而专注地看着对方,点头礼即点头致意,这两个礼节一般在向客人敬茶或奉上某物品时一并使用。注目礼在介绍茶具和茶品与客人交流时也要用到。

(4)与客人沟通的礼仪与技巧

沟通,就是在需要的时候传递信息。茶艺师在介绍茶品时,能够向客人介绍茶单上没有来得及添加的新茶,或是根据客人的口味推荐其他的茶品,这就是在向客人提供优质的服务。经验丰富的茶艺师能理解客人想要了解什么,并用不唐突的方式向客人提供信息,而不是用炫耀知识或强硬的口气给客人提供他不想要的茶饮。有些客人很喜欢幽默,而有的客人更愿意保持距离,优秀的茶艺师会根据场合及适当的时候与客人调整交流和沟通。

①说话时的礼仪与技巧。说话时,始终面带微笑,表情要尽量柔和自然。沟通时,看着对方的三角区(眼睛与鼻子之间),当然也应有眼神的交流。对老年人用尊敬的眼神,对小孩用爱护的眼神,对大多数客人用亲切、诚恳的眼神。平时,要情绪稳定,目光平视,面部表情要根据接待对象和说话内容而变化。

注意保持良好的站姿和坐姿,即使和客人较熟也不要过于随便。

与客人保持合适的身体距离;否则,距离太远显得生疏,距离太近又会令对方感到不适。

说话时,音高、语调、语速要合适。

语言表达必须清晰,不要含糊不清。

如果客人没听清你的话,应耐心加以解释,并为自己没有说清表示歉意。

②倾听时的礼仪与技巧。客人说话时,必须保持与其视线接触,不要躲闪,也不要四处观望。据统计表明,每次目光接触的时间不要超过 3 s。交流过程中用 60% ~ 70% 的时间与对方进行目光交流是最适宜的。少于 60% ,则说明你对对方的话题、谈话内容不感兴趣;多于 70% ,则表示你对对方本人的兴趣要多于他所说的话。

服务中要认真、耐心地聆听客人讲话,对客人的观点表示积极回应,即使不认同客人观点也不要与之争辩。

5.2.3 茶艺馆服务程序

由于地区、民族、文化、风俗习惯的不同,不同茶艺馆可能会采用不同的服务方式,但无论何种服务都应讲究环境布置、气氛渲染和礼仪礼貌。下面就多数茶艺馆采用的服务方式作介绍。

(1)准备充分

保持茶馆厅堂整洁、环境舒适、桌椅整齐。检查服务员的仪容、仪表是否符合规范,各类物品准备是否充分。

(2)热情迎客

站立迎宾,当问候客人时可采用三步问候法(第一步,客人在较远处约 10 m 时,用目光关注问候客人;第二步,客人朝自己走来后约 5 m 外,用微笑问候客人;第三步,当客人走到面前后,用语言问候客人)。主动为客人拉椅让座,根据客人的要求和特点安排不同的位置,如对有明显生理缺陷的宾客,要注意安排在

适当的位置就座,能遮挡其生理缺陷。

（3）上水、递巾

用托盘恭敬地向宾客递送香巾(热毛巾)、冰水或白开水,然后送上茶单(或送上茶叶样品),耐心仔细地倾听客人的要求,记录后若有必要可复述一遍。对客人不清楚的茶品,或拿不定主意饮什么茶时,应热情礼貌、有针对性地推荐。

（4）取茶、备具

根据客人所点茶及茶食,按规定正确填写。根据不同的茶准备不同的茶具。

（5）茶叶冲泡或茶艺表演

根据不同客人的需要为客人冲泡茶叶或进行茶艺表演。

（6）敬茶

茶艺师应按照礼仪顺序,依据先长者、后其次,先主宾、后次宾,先女士、后男士的次序上茶。若来宾较多,且差别不大,则茶艺师可按照顺时针方向依次上茶。这里尤其要注意的是,招待众多客人的茶水应事先准备好(绿茶可事先浸润,红茶、花茶可事先泡好,乌龙茶可到台面上当场冲泡),然后装入茶盘,送到桌上。茶艺师为客人上茶的具体步骤是:先将茶盘放在茶车或备用桌上,右手拿着杯托,左手附在杯托附近,从客人的右后侧将茶杯递上去(不要碰到杯口,并注意盘子的平衡),报上茶名,并说"请用茶"。茶杯就位时,有柄的杯子杯柄要朝外,方便客人拿取。每杯茶以斟杯高的七分满为宜。

（7）中途服务

关注客人,及时满足客人的各种需要。当杯中水量不及 1/3 时,主动为客人续水。如需上茶食、茶点,事先应上牙签、调料等。上茶食也是从上茶的固定位置,轻轻送上,介绍名称,对特别的茶食还应介绍其特点。每上一道茶食最好进行桌面调整。桌上有水渍或杂物要及时擦拭整理,保持桌面整洁。

（8）准确结账

客人饮茶完毕时,主动询问客人还需要什么服务。如客人示意结账,即告知收银员,核对账单后将其放入收银夹内,从客人右边递上,按规定结账并道谢。

（9）礼貌送客

客人离座,应替客人拉椅、道谢,欢迎再次光临。之后,整理桌面,收拾茶具,桌椅摆放整齐,准备迎接新客人。

5.3 　茶叶销售

茶叶销售是茶艺师日常工作中的一项重要内容。

（1）熟悉茶叶

熟悉茶叶才能推销茶叶,在营销工作中,茶艺师要掌握一定的茶叶产品知识和传播这些知识所使用的方法和技巧。可以说,茶艺师看起来是在销售茶叶,实际上他们还在销售茶叶以外的一些东西,如企业文化、茶文化等。熟悉茶叶及茶叶中所富含的文化,是一名茶艺师所应具备的最基本的素质。一个理性的消费者不可能购买对其一无所知的茶叶。在销售过程中,客人对茶叶经营者的选择是多向性的,一不小心,就有可能造成交易的失败,而茶艺师对茶叶的熟悉程度,可以促使客人实施购买行为。

（2）善于引导客人的消费

心理学表明,一个人在接触一件新事物时,头脑易呈放射性思维,而暗示作用,会使人思维定向。比如,当客人品尝新茶品时。茶艺师若问:"口感怎么样?"客人立刻会思维"紊乱",或好,或坏,或太涩,或太苦等。一旦第一概念产生,很难抹掉,于销售大为不利。应该暗示或引导客人:"这个茶品先涩后甘,还有一股淡淡的香味,您觉得呢?"喝过后再问他"对不对?"事实证明,如果你说"先涩后甘",客人就点头"不错"。语言刺激总是"先入为主"。高明的推销员也总是用语言暗示向好的一面诱导。

（3）认真观察分析客人,有针对性地进行销售

一个客人在茶艺馆内即使停留了一分钟,那么客人与茶艺师、茶艺馆接触的每一秒钟,都可以称之为是一个交流,在这一分钟内茶艺师如果善于观察分析,从客人的言谈举止、穿着打扮中捕捉每一个细节,寻找顾客购买的关键点在哪里,消费习惯和倾向如何,将会收到意想不到的效果。每位客人买茶、喝茶的目的各不相同,有的是为了解渴,有的是为了交流,有的是为了精神享受,而有的对茶叶的消费仅只是一种习惯。而不同消费能力、不同性格、不同年龄、不同性别、不同民族的人喝茶、买茶的目的各有不同。了解客人买茶、喝茶的目的,再进行有针对性的销售将容易得多。

（4）不同时间段推销不同的茶品

在不同的季节,茶艺师可推销不同的茶品。一般说来,一年之中,春、夏宜饮绿茶,解暑止渴,清热解毒;秋天宜饮乌龙,平燥、保肾、清肝;冬天宜饮红茶或普洱茶,温暖不伤胃。而一天之中,清晨喝一杯淡淡的绿茶,醒脑清心;上午喝一杯茉莉花茶,芬芳宜人,可提高工作效率;午后喝一杯红茶,解困提神;下午工作时间喝一杯牛奶红茶加点心,补充营养;晚上找几位朋友或家人,泡上一壶乌龙茶,边聊天边喝茶,别有一番情趣。茶艺师可根据这些特点有针对性地向客人推荐。

（5）良好的职业素养

茶艺师不仅仅是在推销茶叶，也是在推销自己，也就是销售形象。殷勤礼貌、良好的风度，优雅的举止，对茶叶及服务知识的掌握，乐意从事自己的工作，再加上诚实，与人相处时随机应变的能力，以及同事、顾客的融洽关系等多种要素，都是茶艺师应具有的职业素养。

（6）使用富有创造性的语言

语言表达是一项富有创造性的活动，下面的例子就说明了这一点。一名教士问他的上司："我在祈祷的时候可以抽烟吗?"这个请求遭到了上司的断然拒绝。而另一名教士也去问这个上司："我在抽烟的时候可以祈祷吗?"他抽烟的请求却得到了允许。

同样的意思采用不同的语言表达，达到效果是不同的，这就是语言的艺术。

①从茶品的品质、规格入手，让客人觉得货真价实，值得购买。在茶叶销售中，价格永远是个敏感的问题。曾经有顾客询问："为什么贵店的普洱茶价格比知名茶企还高?"茶艺师从原料、加工、品质、年份等方面作了解释说明，末了，茶艺师真诚地对客人说："欢迎您拿相同价位的茶作比较，再选择适合自己口味的。"结果客人对茶艺师的讲解非常满意，不仅开心地买了茶，还成为了该店的常客。

②善于作对比，通过对比说服客户。若客户出现"价高拒买"心理，我就从"一分价钱一分货"处释疑。譬如，顾客问："为什么这么贵?"茶艺师可以这样回答："您问得好! 俗话说'一分价钱一分货'。高档茶中维生素、氨基酸含量高，像您买的这种茶是今年的早春茶，色香味俱佳，是不可多得的好茶。和去年的春茶比一比，其实并不贵!"经这么点拨，为顾客算算账。让人痛痛快快地解囊，岂不是两全其美吗?

从职业道德的角度来说，做对比切忌贬低别人来抬高自己。只要是货真价实的合格茶品，我们就不能妄加批评，违反职业操守。

③洽谈时，用肯定句提问。在开始洽谈时，用肯定的语气提出一个令顾客感到惊讶的问题，是引起顾客注意和兴趣的可靠办法。如："你听说过××茶吧。""你周围有朋友喝过××茶吧。"或是把你的主导思想先说出来，在这句话的末尾用提问的方式将其传递给顾客。"现在很流行喝××茶了，不是吗?"这样，只要你运用得当，说的话符合事实而又与顾客的看法一致，会引导顾客说出一连串的"是"，对你的看法给予肯定，直至成交。

本章小结

在消费方式不断变化和市场竞争日益激烈的环境下,要成为一名合格的茶艺师,就需要树立恪守职业道德、宾客至上、质量第一的观念,自觉培养并形成良好的思想道德素质和文化修养,以便为客人提供优质的服务。

【知识链接】

茶艺师的职业定义与职业特征

职业定义:在茶室、茶楼等场所,展示茶水冲泡流程和技巧,以及传播品茶知识的人员。

职业能力特征:具有良好的语言表达能力,一定的人际交往能力,较好的形体知觉能力与动作协调能力,较敏锐的色觉、嗅觉和味觉。

叩手礼

主人给客人斟茶时,客人要用食指和中指轻叩桌面,以致谢意,这就是广州人饮茶的"叩手礼"。这一习俗的由来,据说是乾隆微服南巡时,到一家茶楼喝茶,当地知府知道了这一情况,赶去护驾。知府也微服一番,以防天威不测。到了茶楼,就在皇帝对面末座的位上坐下,皇帝心知肚明,也不去揭穿,久闻大名、相见恨晚的装模作样一番。皇帝是主,免不得提起茶壶给这位知府倒茶,知府内心诚惶诚恐,但也不好当即跪在地上来个谢主隆恩,于是灵机一动,弯起食指、中指和无名指,在桌面上轻叩三下,权代行了三跪九叩的大礼。心想:敬茶喝茶是人之常情,又咋知你是微服皇帝,反正你敬我茶,我叩这么几下,也不花多少功夫,省得后患无穷。于是这一习俗就这么流传下来。为了简便,也用食指单指叩几下。

PAC 规律

与人交往少不了目光接触。正确地运用目光,传达信息,塑造专业形象,要遵守以下规律:

(1)PAC 规律。P—Parent,指用家长式的、教训人的目光与人交流,视线是从上到下,打量对方,试图找出差错;A—Adult,指用成人的眼光与人交流,互相之间的关系是平等的,视线从上到下;C—Childen,一般是小孩的眼光,目光向上,表示请求或撒娇。作为职场人士,当然都是运用成人的视线与人交流,所以要准确定位,不要在错误的地点和错误的对象面前选择错误的目光,那是会让人心感诧异的。

（2）三角定律。根据交流对象与你的关系的亲疏、距离的远近，来选择目光停留或注视的区域。关系一般或第一次见面、距离较远的，则看对方的以额头到肩膀的这个大三角区域；关系比较熟、距离较近的，看对方的额头到下巴这个三角区域；关系亲昵的，距离很近的，则注视对方的额头到鼻子这个三角区域。分清对象，对号入座，切勿弄错！

练习

1. 基本礼仪姿势训练：

（1）站姿：身体背靠墙站好，使你的后脑、肩、臀部及足均能与墙壁紧密接触。

（2）走姿：行走的时候注意脚内侧应沿一条直线。

（3）坐姿：注意姿态的稳定、端正。

2. 到茶馆观察茶艺师是如何推销茶叶的，并评价其优劣。

思考题

1. 一名茶艺师应遵循哪些相关的职业道德？

2. 对茶艺师的礼仪有哪些具体要求？

3. 茶艺馆里来了一对老年夫妇，茶艺师应如何根据本章所学知识进行茶叶销售？

附　录　茶艺师相关常识——《茶艺师国家职业技能标准》中的基本要求和工作要求（初、中级部分）

（一）基本要求

1. 职业道德

（1）职业道德基本知识。

（2）职业守则：

①热爱专业，忠于职守。

②遵纪守法，文明经营。

③礼貌待客，热情服务。

④真诚守信，一丝不苟。

⑤钻研业务，精益求精。

2. 基础知识

（1）茶文化基本知识：

①中国用茶的源流。

②饮茶方法的演变。

③中国茶文化的精神。

④中国饮茶风俗。

⑤茶与非物质文化遗产。

⑥茶的外传与影响。

⑦外国饮茶风俗。

（2）茶叶知识：

①茶树基本知识。

②茶叶种类。

③茶叶加工工艺及特点

④中国名茶及其产地。

⑤茶叶品质鉴别知识。

⑥茶叶储存方法。

（3）茶具知识：

①茶具的历史演变。

②茶具的种类及产地。

③瓷器茶具的特色。

④陶器茶具的特色。

⑤其他茶具的特色。

（4）品茗用水知识：

①品茗与用水的关系。

②品茗用水的分类。

③品茗用水的选择方法。

（5）茶艺基本知识：

①品饮要义。

②冲泡技巧。

③茶点选配。

（6）茶与健康及科学饮茶：

①茶叶主要成分。

②茶与健康的关系

③科学饮茶常识。

（7）食品与茶叶营养卫生：

①食品与茶叶卫生基础知识。

②饮食业食品卫生制度。

（8）劳动安全基本知识

①安全生产知识。

②安全防护知识。

③安全生产事故报告知识。

（9）相关法律、法规知识：

①《中华人民共和国劳动法》相关知识。

②《中华人民共和国劳动合同法法》相关知识。

③《中华人民共和国食品安全法》相关知识。

④《中华人民共和国消费者权益保护法》相关知识。

⑤《公共场所卫生管理条例》相关知识。

（二）工作要求（初、中级）——操作技能部分

1. 五级／初级工

职业功能	工作内容	技能要求	相关知识
1.接待准备	1.1 礼仪准备	1.1.1 能按照茶事服务礼仪要求进行着装、佩戴饰物 1.1.2 能按照茶事服务礼仪要求修饰面部、手部 1.1.3 能按照茶事服务礼仪要求修整发型、选择头饰 1.1.4 能按照茶事服务礼仪要求规范站姿、坐姿、走姿、蹲姿 1.1.5 能使用普通话与敬语迎宾	1.1.1 茶艺人员服饰、佩饰基础知识 1.1.2 茶艺人员容貌修饰、手部护理常识 1.1.3 茶艺人员发型、头饰常识 1.1.4 茶事服务形体礼仪基本知识 1.1.5 普通话、迎宾敬语基本知识
	1.2 茶室准备	1.2.1 能清洁茶室环境卫生 1.2.2 能清洗消毒茶具 1.2.3 能配合调控茶室内的灯光、音响等设备 1.2.4 能操作消防灭火器进行火灾扑救 1.2.5 能佩戴防毒面具并指导宾客使用	1.2.1 茶室工作人员岗位职责和服务流程 1.2.2 茶室环境卫生要求知识 1.2.3 茶具用品消毒洗涤方法 1.2.4 灯光、音响设备使用方法 1.2.5 防毒面具使用方法
2.茶艺服务	2.1 冲泡备器	2.1.1 能根据茶叶基本特征区分六大茶类 2.1.2 能根据查单选取茶叶 2.1.3 能根据茶叶选用冲泡用具 2.1.4 能选择和使用备水、烧水器具	2.1.1 茶叶分类、品种、名称、基本特征等基础知识 2.1.2 查单基本知识 2.1.3 泡茶器具的种类和使用方法 2.1.4 安全用电常识和备水、烧水器具的使用规程

续表

职业功能	工作内容	技能要求	相关知识
2. 茶艺服务	2.2 冲泡演示	2.2.1 能根据不同茶类确定投茶量和水量比例 2.2.2 能根据茶叶类型选择适宜的水温泡茶,并确定浸泡时间 2.2.3 能使用玻璃杯、盖碗、紫砂壶冲泡茶叶 2.2.4 能介绍所泡茶叶的品饮方法	2.2.1 不同茶类投茶量和水量要求及注意事项 2.2.2 不同茶类冲泡水温、浸泡时间要求及注意事项 2.2.3 玻璃杯、盖碗、紫砂壶使用要求与技巧 2.2.4 茶叶品饮基本知识
3. 茶间服务	3.1 茶饮推荐	3.1.1 能运用交谈礼仪与宾客沟通,有效了解宾客需求 3.1.2 能根据茶叶特性推荐茶饮 3.1.3 能根据不同季节特点推荐茶饮	3.1.1 交谈礼仪规范及沟通艺术 3.1.2 茶叶成分与特性基本知识 3.1.3 不同季节饮茶特点
	3.2 商品销售	①能够揣摩顾客心理,适时推介茶叶与茶具; ②能够正确使用茶单; ③能够熟练完成茶叶、茶具的包装; ④能够完成茶艺馆的结账工作; ⑤能够指导顾客储藏和保管茶叶; ⑥能够指导顾客进行茶具的养护	①茶叶、茶具包装知识; ②结账基本程序; ③茶具养护知识

2. 四级／中级工

职业功能	工作内容	技能要求	相关知识
1. 接待准备	1.1 礼仪接待	1.1.1 能按照茶事服务要求导位、迎宾 1.1.2 能根据不同地区的宾客特点进行礼仪接待 1.1.3 能根据不同民族的风俗进行礼仪接待 1.1.4 能根据不同宗教信仰进行礼仪接待 1.1.5 能根据宾客的性别、年龄特点进行有针对性的接待服务	1.1.1 接待礼仪与技巧基本知识 1.1.2 不同地区宾客服务的基本知识 1.1.3 不同民族宾客服务的基本知识 1.1.4 不同宗教信仰宾客服务的基本知识 1.1.5 不同性别、年龄特点宾客服务的基本知识
	1.2 茶室布置	1.2.1 能够根据茶室特点,合理摆放器物 1.2.2 能合理摆放茶室装饰物品 1.2.3 能合理陈列茶室商品 1.2.4 能根据宾客要求有针对性地调配茶叶、器物	1.2.1 茶室空间布置基本知识 1.2.2 器物配放基本知识 1.2.3 茶具与茶叶的搭配知识 1.2.4 商品陈列原则与方法
2. 茶艺服务	2.1 茶艺配置	2.1.1 能识别六大茶类中的中国主要名茶 2.1.2 能识别新茶、陈茶 2.1.3 能根据茶样初步区分茶叶品质和等级高低 2.1.4 能鉴别常用陶瓷、紫砂、玻璃茶具的品质	2.1.1 中国主要名茶知识 2.1.2 新茶、陈茶的特点与识别方法 2.1.3 茶叶品质和等级的判定方法 2.1.4 常用茶具质量的识别方法 2.1.5 茶艺冲泡台的布置方法

职业功能	工作内容	技能要求	相关知识
2. 茶艺服务	2.2 茶艺演示	2.2.1 能根据茶艺要素的要求冲泡六大茶类 2.2.2 能根据不同茶叶选择泡茶用水 2.2.3 能制作调饮红茶 2.2.4 能展示生活茶艺	2.2.1 茶艺冲泡的要素 2.2.2 泡茶用水水质要求 2.2.3 调饮红茶的制作方法 2.2.4 不同类型的生活茶艺知识
3. 茶间服务	3.1 茶品推荐	3.1.1 能根据茶叶合理搭配茶点并予以推介 3.1.2 能根据季节合理搭配茶点并予以推介 3.1.3 能根据茶叶的内含成分及对人体健康作用来推介相应茶叶 3.1.4 能向宾客介绍不同水质对茶汤的影响 3.1.5 能根据所泡茶品解答相关问题	3.1.1 茶点与各茶类搭配知识 3.1.2 不同季节茶点搭配方法 3.1.3 科学饮茶与人体健康基本知识 3.1.4 中国名茶、名泉知识 3.1.5 解答宾客咨询茶品的相关知识及方法
	3.2 商品销售	3.2.1 能根据茶叶特点科学地保存茶叶 3.2.2 能销售名优茶和特殊茶品 3.2.3 能销售名家茶器、定制（柴烧、手绘）茶具 3.2.4 能根据宾客需要选配家庭茶室用品	3.2.1 茶叶储藏保管知识 3.2.2 名优茶、特殊茶品销售基本知识 3.2.3 名家茶器和柴烧、手绘茶具源流及特点 3.2.4 家庭茶室用品选配基本要求 3.2.5 茶商品调配知识

[1] 陈宗懋,杨亚军.中国茶经[M].上海:上海文化出版社,2001.

[2] 骆少君.评茶员·初级、中级、高级、评茶师、高级评茶师技能[M].北京:新华出版社,2004.

[3] 劳动社会保障部,中国就业培训技术指导中心.茶艺师(基础知识)[M].北京:中国劳动社会保障出版社,2004.

[4] 劳动社会保障部,中国就业培训技术指导中心.茶艺师(初级技能、中级技能、高级技能)[M].北京:中国劳动社会保障出版社,2005.

[5] 查俊峰,尹寒.茶文化与茶具[M].成都:四川科学技术出版社,2004.

[6] 高运华.茶艺服务与技巧[M].北京:中国劳动社会保障出版社,2005.

[7] 李伟,李学昌.学茶艺:茶艺师点津[M].郑州:中原农民出版社,2003.

[8] 鸿宇.悠悠茶香[M].兰州:甘肃文化出版社,2004.

[9] 阮浩耕,王建荣,吴胜天.中国茶艺[M].济南:山东科学技术出版社,2005.

[10] 读书时代.初级茶艺[M].北京:中国轻工业出版社,2006.

[11] 林治.中国茶艺集锦[M].北京:中国人口出版社,2004.

[12] 徐传宏.中国茶馆[M].济南:山东科学技术出版社,2010.

[13] 吴本.饭店服务与管理[M].北京:旅游教育出版社,2004.

[14] 刘修明.中国古代的饮茶与茶馆[M].北京:商务印书馆国际有限公司,1995.

[15] 陈文华.中国茶文化学[M].北京:中国农业出版社,2006.

[16] 乔木森.茶席设计[M].上海:上海文化出版社,2005.